世界の子どもの？に答える

30秒（びょう）でわかる

宇（う）宙（ちゅう）

JN145123

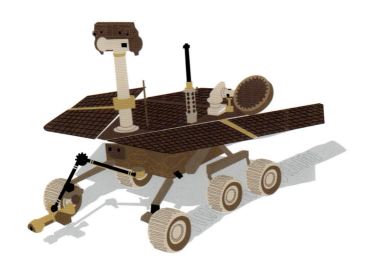

Original Title
SPACE IN 30 SECONDS

Copyright 2013 by Ivy Press

This book was conceived, designed and produced by

Ivy Press

CREATIVE DIRECTOR　Peter Bridgewater
MANAGING EDITOR　Hazel Songhurst
PROJECT EDITOR　Cath Senker
ART DIRECTOR　Kevin Knight
DESIGNER　Jone Hawkins and Lisa McCormic
ILLUSTRATORS
Melvyn Evans (colour)
Marta Munoz (black and white)

Printed in China

Colour origination by Ivy Press Reprographics

Japanese translation rights arranged with
The Ivy Press Limited
through Japan UNI Agency, Inc., Tokyo

［著者・監修者］
クライブ・ギフォード
Clive Gifford
子供向け科学読み物などの著作多数。

マイク・ゴールドスミス
Dr Mike Goldsmith
天体物理学博士。

［訳者］
原田勝
（はらだ・まさる）
翻訳家。訳書に『ペーパーボーイ』『ハーレムの闘う本屋』ほか多数。

［編集協力］
小都一郎　谷口大輔

世界の子どもの？に答える
30秒でわかる
宇宙

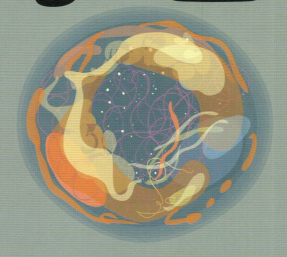

クライブ・ギフォード 著

マイク・ゴールドスミス 監修
原田勝 訳

三省堂

Contents
もくじ

宇宙、そこになにがあるのか？…6

ビッグバン…8
用語集…10
宇宙の始まり…12
膨張する宇宙…14
光年…16
宇宙の終わり…18

恒星…20
用語集…22
恒星の誕生…24
恒星の種類…26
超新星爆発…28
静かな死…30

内太陽系…32
用語集…34
太陽…36
水星…38
金星…40
地球と月…42
火星…44
小惑星と準惑星…46

外太陽系…48
用語集…50
木星…52
土星…54
天王星と海王星…56
彗星…58

宇宙には、ほかになにがあるのか？…60
用語集…62
天の川銀河（銀河系）…64
銀河…66
ブラックホール…68
宇宙人はいるのか？…70

宇宙の地図を作る…72
用語集…74
光学望遠鏡…76
電波望遠鏡…78
宇宙望遠鏡…80
ロケット工学…82
宇宙探査機…84
無重力状態…86
宇宙服…88
国際宇宙ステーション…90

"わかる"ということ…92
国立天文台副台長　渡辺潤一

索引…94
クイズの答え…96

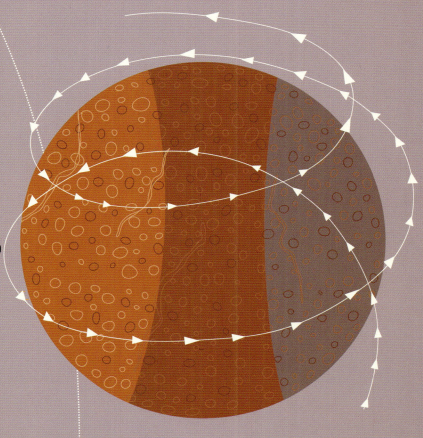

60秒でわかる
宇宙、そこになにがあるのか？

　宇宙を話題にするということは、この世にあるすべてのもの、つまり、手でふれたり、見たり聞いたり、測ったり、検知したりできるすべてのものについて考えることです。
　生物も、惑星も、恒星も、星雲も、そうしたあらゆるもののあいだにある空間も宇宙です。

　宇宙はあまりに広大なので、人間が直接あちこち探検してまわることは不可能です。それでも、この100年のあいだに、天文学者をはじめとする科学者たちのおかげで、宇宙とはどういうものなのかがずいぶんわかってきました。科学的な装置を使い、恒星やブラックホールなど、遠くはなれた天体についての情報を集めてきたのです。

　もう少し地球に近いところにある惑星や月、その他の天体を調べるためには、探査機と呼ばれる機械を宇宙へ送りだしています。たとえば、2012年8月、「キュリオシティ」と名づけられた自動車ほどの大きさの無人探査車が、

地球から5億6300万キロの旅をへて、火星の地表におりたちました。キュリオシティは、当初の予定を大幅に超えて、今も地球のとなりにあるこの惑星を探検し、さまざまな情報や写真を電波に乗せて送ってきています（2016年4月現在）。

この本では、宇宙に関する重要な問題を多くあつかっています。章ごとに、宇宙の始まりと終わり、恒星とその種類、太陽と太陽系の惑星、銀河やブラックホール、そして、宇宙観測や探査の現状を解説していきます。

どの項目も、30秒ですばやく理解できるよう、要点を1ページで説明してあります。さらに「3秒でまとめ」には、いちばん大切なことが、ひとつの文にまとめてあります。そして、「3分でできる」で紹介したミッション（課題）をやってみれば、家にいながらにして、地球から宇宙のしくみを実感することができるでしょう。

ビッグバン

人類は、何千年も前から夜空を見上げ、宇宙はどうやって始まったんだろう、どんな形をしていて、どれくらいの広さなんだろう、と考えてきました。宇宙の始まりについては、さまざまな説がありましたが、今では、宇宙を研究しているほとんどの科学者が、ビッグバン宇宙論と呼ばれる理論を支持しています。しかし、この先の遠い未来に、宇宙がどうなってしまうのかについては、まだまだわからないことだらけです。

ビッグバン
用語集

宇宙 宇宙空間、および、地球やその他の惑星、恒星などの、そこにあるすべてのもの。

局部銀河群 わたしたちのいる天の川銀河が属している銀河の集団。

銀河 恒星や惑星、および、ガスや塵などの星間物質の集まり。わたしたちがいる銀河は、天の川銀河（銀河系）といい、太陽とその惑星、そして、その他の多くの恒星でなりたっている。現在望遠鏡なしに見ることができる恒星は、すべて天の川銀河のもの。

原子 物質を作っている基本的な粒子で、化学変化の最小の単位となるもの。

原子核 原子の中心にあって、原子の質量の大部分を占める。

元素 物質を作っている基本的な成分（原子の種類）。

光年 光が1年かかって進む距離。

高密度 大きさのわりに非常に重い状態。とても小さなものが、すさまじい重さをもつ。

質量 ある物体にふくまれる物質の量。

重力 物体が互いに引きあう力。この力が、地上にある物を地球の中心にむかって引っぱっている。空中で物をはなすと地面にむかって落ちていくのはそのせい。万有引力、単に、引力ということもある。

太陽系 太陽とそのまわりを回っているすべての惑星とその他の天体。

ダークエネルギー 宇宙の70パーセント以上を占めると考えられているエネルギーのようなものだが、どういうものか正確にはわかっていない。

天文学者 太陽や月、恒星や惑星、あるいは宇宙全般を研究する科学者。

ビッグクランチ 宇宙の終わりについての仮説のひとつで、全体が縮んで、高密度の一点になってしまうという説。

ビッグチル 宇宙の終わりについての仮説のひとつで、宇宙全体が冷たくなって死んでいくという説。

ビッグバン 多くの科学者が宇宙の始まりだと考えている急激な膨張。

ビッグリップ 宇宙の終わりについての仮説のひとつで、宇宙にあるすべてのものがバラバラになってしまうという説。

物質 宇宙にある、質量をもち、空間を占めているあらゆるもの。

望遠鏡 宇宙からの光や信号を集め、遠くにある天体を研究することを可能にしてくれる科学的装置。

膨張 ものがしだいにふくらんで、大きくなっていくこと。

30秒でわかる 宇宙の始まり

　宇宙とは、この世に存在するすべてのものをさします。宇宙はとてつもなく巨大です。あなたが想像できるもっとも大きなものはなんでしょう？宇宙の大きさは、それを何億倍、何十億倍してもまだまだ足りません！
　宇宙を研究している科学者たちは、ビッグバンと呼ばれる理論で宇宙の誕生を説明できると考えています。
　ビッグバンは、もともと大爆発という意味ですが、この場合は爆発ではありません。ビッグバンは、たったひとつの点から始まった信じられないほど急激な膨張なのです。宇宙空間、エネルギー、そして、今の宇宙に存在するありとあらゆる物理的なものが、すべてこの一点の膨張から生まれました。さらに重力をはじめとするさまざまな力が生まれ、時間ができました。ビッグバン以前にはなにも存在しません。そう言われても、すぐにはぴんと来ないかもしれませんが。
　ビッグバンから100秒くらいのあいだに、もっとも単純な3つの元素、水素、ヘリウム、リチウムができました。
　最初の恒星が生まれるのは、それから5000万年から1億5000万年ほどあとのことで、銀河が生まれるのはさらにそのあとです。太陽系や地球ができたのは、ビッグバンからおよそ90億年後のことでした。

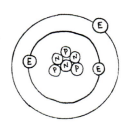

3秒でまとめ

宇宙は
ビッグバンから
始まったと
考えられている。

宇宙はいつできた？

宇宙ができたのは、なんと138億年前！
宇宙の歴史を地球の1年に縮めて考えてみよう。

- まずビッグバンが、1月1日の午前0時を回ったとたんに起きた。
- 地球ができたのは9月。最初の恐竜が現われたのは12月24日。
- 人類が現われたのは12月31日の夜もふけてから。
　古代ローマ人が活躍したのは、
　日付が変わるわずか4秒前という計算になる。

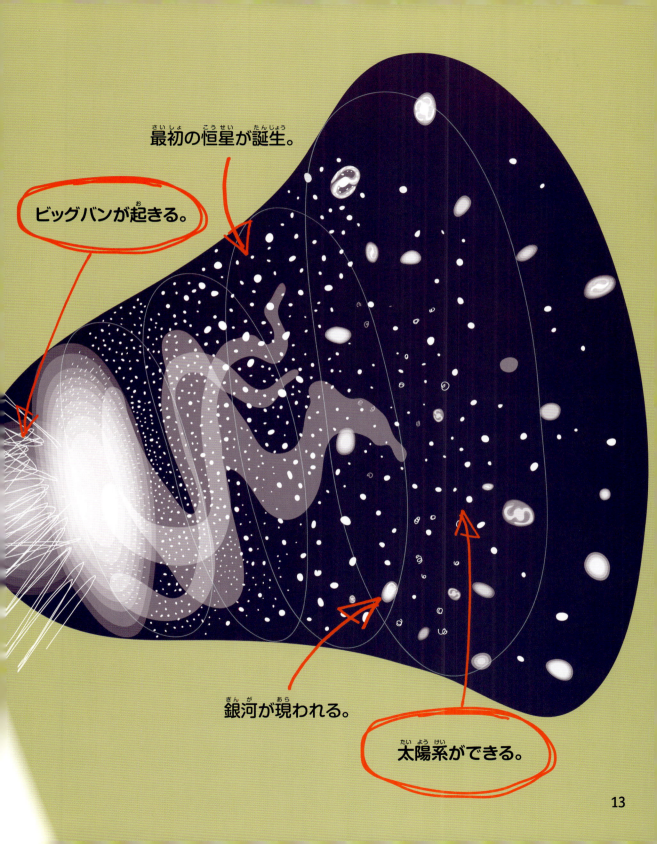

30秒でわかる
膨張する宇宙

ビッグバンが起きて以来、宇宙は膨張しつづけ、今もまだ大きくなっています。そのことを、科学者たちはどうやって発見したのでしょう？

1929年、エドウィン・ハッブルという天文学者が、当時、世界最大だった望遠鏡を使って銀河を観察しました。その結果、ある銀河の集団が、ほかの銀河の集団から遠ざかっていく様子を数式で表わすことに成功したのです。

銀河の集団をパン生地に入れたレーズンだと思ってください。生地がふくらむと、レーズン同士の距離は遠くなります。つまり、遠くにある銀河の集団は、わたしたちのいる局部銀河群から遠ざかっていくのです。しかも、はなれればはなれるほど、遠ざかる速度が速くなります。

1990年代になると、科学者たちは宇宙が膨張していく速度は一定ではなく、加速していること、つまり膨張する速度が速くなっていることをつきとめました。多くの科学者は、この現象は、ダークエネルギーという、宇宙の70パーセント以上を作っている謎のエネルギーによるものだと考えています。

3秒でまとめ

宇宙はどんどん膨張している！

3分でできる 「宇宙を膨張させよう」

❶ 大きめの風船を少しふくらませ、中の空気がぬけないように、口を洗濯バサミでとめる。

❷ 風船の表面に、油性のフェルトペンで渦巻きを10個描く。渦巻きのひとつひとつが、数百から数千の銀河が集まった銀河団と考えよう。さらに、天の川銀河を示す小さな丸印をひとつ描きくわえる。

❸ 風船を3分の2ほどふくらませ、渦巻き同士の距離がどうなったか確かめよう。

❹ 風船をいっぱいまでふくらませ、もう一度その距離を調べてみよう。渦巻きが動いたのではなく、風船が大きくなっていることがわかるはず。宇宙の膨張も、これとよく似ている。

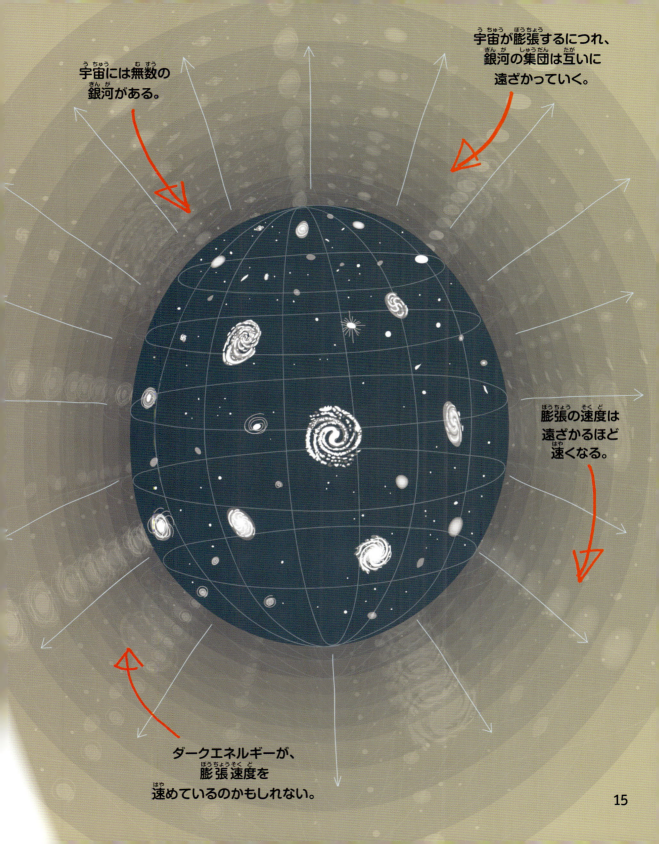

30秒でわかる 光年

「光年」とは、宇宙にある物体同士の距離を表わすために用いる単位で、光が1年かかって進む距離が1光年です。光は信じられないスピードで動き、1秒に299,792km、1年で、なんと9,460,730,472,580km、およそ9兆4600億kmの距離を進みます。

つまり、1光年は、約9兆4600億kmなのです。

なぜ光年を使う必要があるのでしょうか？ それは、宇宙があまりにも広大で、天体と天体の距離がとてもはなれているので、キロメートルやマイルといった、ふつうの長さの単位が使いづらいからです。

たとえば、地球にもっとも近いアンドロメダ銀河までの距離は、なんと、21,000,000,000,000,000,000,000km、すなわち、2100京kmという、とほうもない数字になってしまいます。どうです、ずらりとならんだ0の数を見てください！

これほど大きな数字になってしまうと、結局、どれくらいの距離かわかりづらくなってしまいます。そこで、天文学者は光年という単位を使います。そうすれば、アンドロメダ銀河までの距離を、2,300,000光年（230万光年）と言うことができます。

3秒でまとめ

光より速く移動できるものはない。

3分でできる 「自分年を知る」

「自分年」というのは、あなたが全速力で1日24時間走りつづけ、それを1年365日続けたとしたら、どれくらい遠くまで行けるか、という距離の単位です。

1. まず、100メートルを何秒で走れるか、タイムを測る。
2. 自分のタイムで100を割り、自分が1秒間に何メートル進むか計算する。
3. その数字を60倍し、さらに60倍し、次に24倍、最後に365倍する。
4. 出た答えの数字を1000で割れば、自分が1年で何km遠くまで行けるか、つまり、「自分年」がわかる。

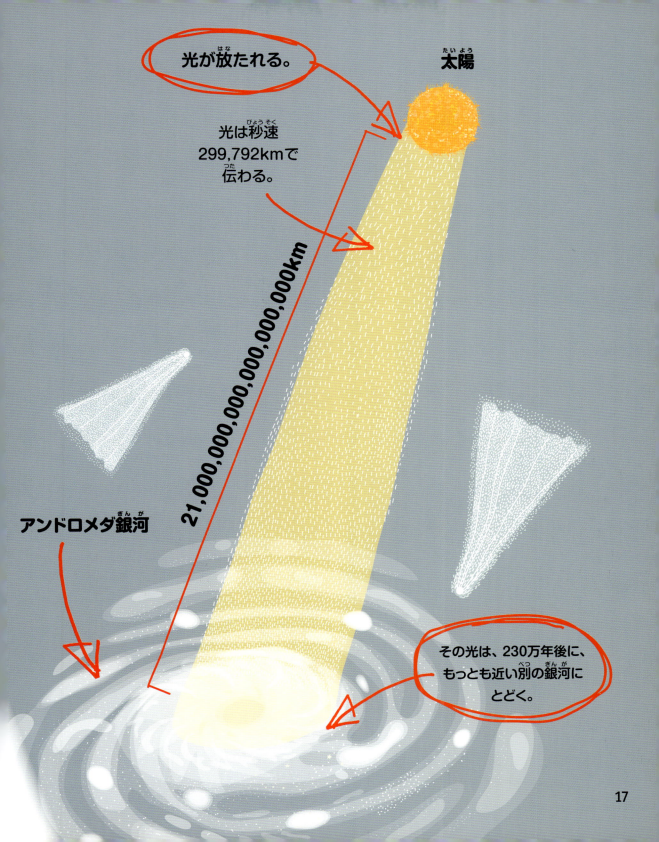

30秒でわかる
宇宙の終わり

宇宙は、いずれ、終わりを迎えるのでしょうか？ ほんとうのところは、だれにもわかりません。もし、このまま宇宙が膨張しつづけると、ビッグチルという現象が起きると考えられています。銀河間の距離がどんどん遠くなり、最終的には、新しい恒星を作れるだけのガスがなくなってしまいます。

今ある恒星は燃料となるものを失い、ゆっくりと冷えていくでしょう。宇宙そのものからも光と熱が失われ、やがて、とても冷たくて暗い場所になってしまいます。

ビッグリップと呼ばれる、もっと過激な終わり方をするのではないかという説もあります。この理論では、宇宙空間は膨張しつづけるのですが、膨張はそれぞれの銀河の中で始まるので、銀河はばらばらになり、さらに、恒星内部でも膨張が起きて星が引き裂かれてしまいます。膨張は惑星内部でも、そして最後には、ひとつひとつの原子でも起きると考えられています。つまり、宇宙の膨張があらゆるものを引き裂いてしまうのです。

こうした話を聞くと恐ろしくなりますが、安心してください！ 宇宙の最後が、今日、明日にもやってくると予測している科学者は一人もいません。どんな終わり方をするとしても、それは何十億年も先のことです。

3秒でまとめ

宇宙の終わりは、冷たくなるか、引き裂かれるか、あるいはつぶれて一点になると考えられている。

ビッグクランチ

少し前までは、宇宙の終わりはビッグクランチを起こす、という説が有力だった。
この説では、宇宙の膨張はあるところまでで終わり、その後は、伸びきったゴムバンドのように、重力の力で縮みはじめる。
宇宙に存在するあらゆるものが、しだいに接近し、最後はつぶれて、きわめて高密度な一点になると考えられていた。

ビッグリップ
あらゆるものが
引き裂かれる

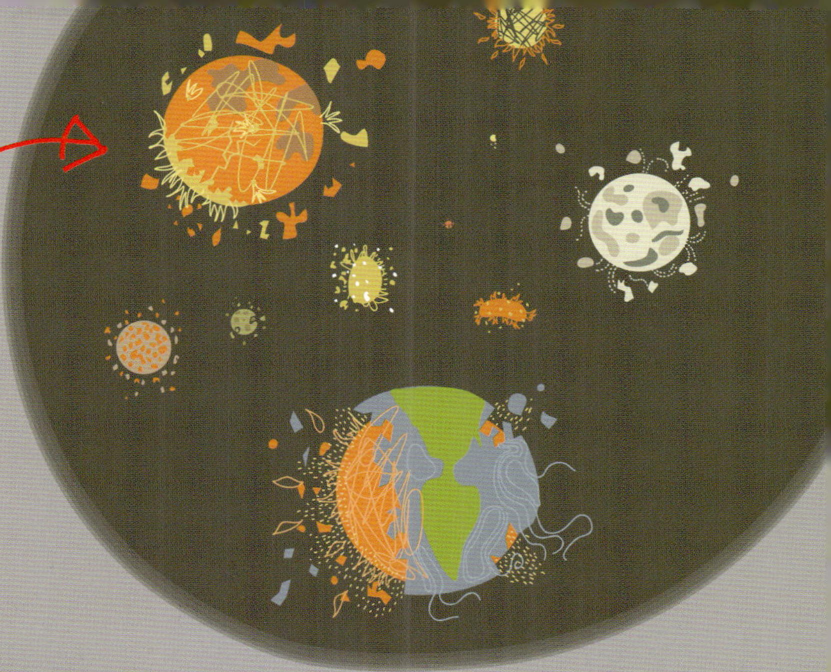

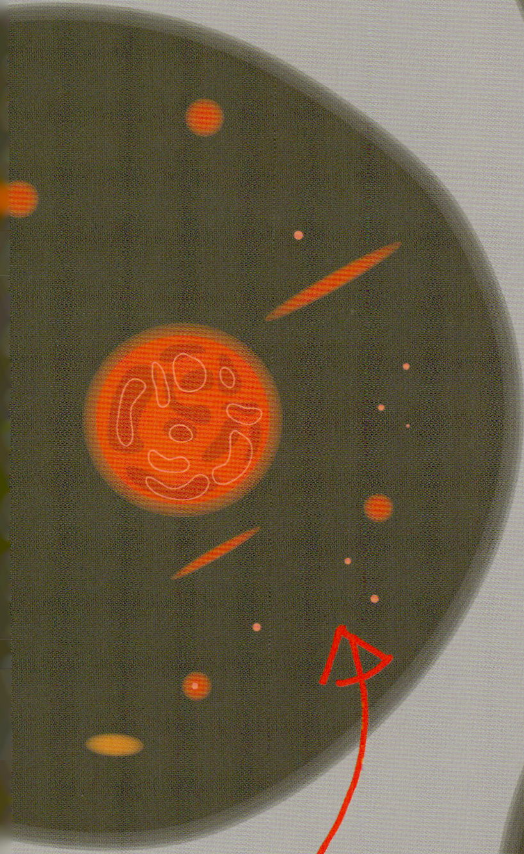

宇宙の
終わりは？

ビッグクランチ
宇宙は
つぶれてしまう

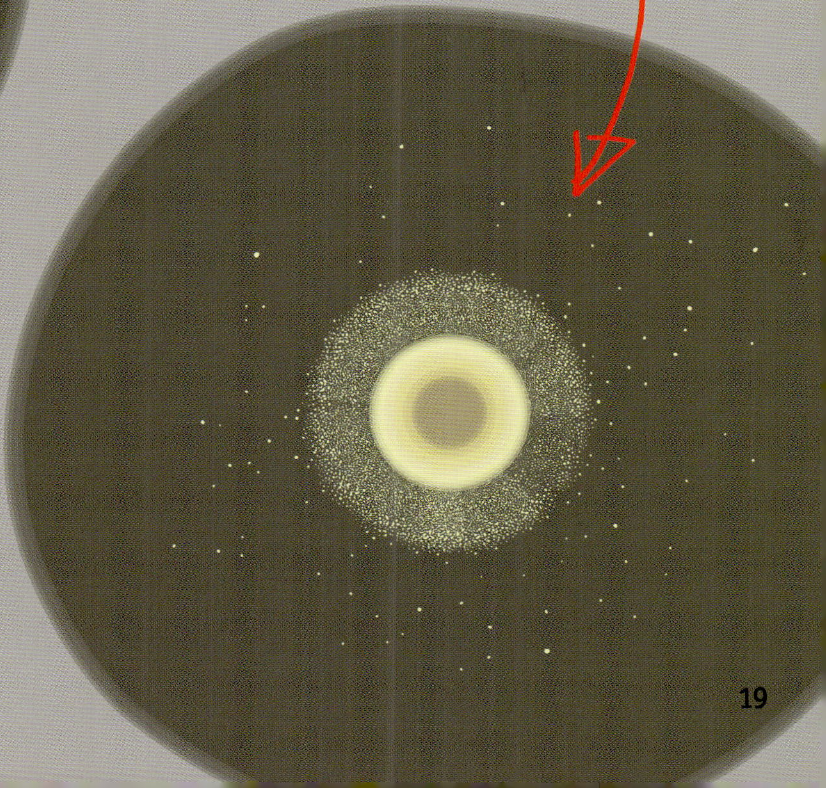

ビッグチル
宇宙は
冷たく、暗くなる

恒星

恒星は、すさまじい勢いで燃える巨大なガスの球です。もっとも小さな恒星は、太陽の10分の1ほどの大きさだと考えられています。もっとも大きな恒星は、おそらく太陽の1000倍以上あるのです！　地球で夜空を見上げると、何千という星を見ることができます。しかし、それは宇宙にある恒星のほんの一部にすぎません。科学者たちは、宇宙には数千億の数千億倍もの恒星があると考えています。

恒星
用語集

圧力 ある物体から別の物体にかかる力や重さ。

宇宙 宇宙空間、および、地球やその他の惑星、恒星などの、そこにあるすべてのもの。

オリオン星雲 地球にもっとも近い星雲のひとつ。

核反応 原子核が他の粒子と衝突し、別の種類の原子核に変わる現象。

核融合 二つ以上の原子核が融合（結びつくこと）して、より大きな原子核を作ること。その際、エネルギーが生まれる。

軌道 惑星などの物体が、ほかの惑星や恒星などのまわりを回る際になぞる曲線。

銀河 恒星や惑星、および、ガスや塵などの星間物質の集まり。わたしたちがいる銀河は、天の川銀河（銀河系）といい、太陽とその惑星、そして、その他の多くの恒星でなりたっている。現在、望遠鏡なしに見ることができる恒星は、すべて天の川銀河のもの。

原子 物質を作っている基本的な粒子で、化学変化の最小の単位となるもの。

原子核 原子の中心にあって、原子の質量の大部分を占める。

原始星 宇宙空間にある物質が集まってできた天体で、恒星の誕生につながる。

光年 光が1年かかって進む距離。

高密度 大きさのわりに非常に重い状態。とても小さなものが、すさまじい重さをもつ。

質量 ある物体にふくまれる物質の量。

重力 物体が互いを引きあう力。この力が、地上にある物を地球の中心にむかって引っぱっている。空中で物をはなすと地面にむかって落ちていくのはそのせい。万有引力、単に、引力ということもある。

星雲 塵やガスでできた巨大な雲。星雲から恒星ができることがある。

星座 夜空に見える、人や物に見たてた恒星の配置で、名前がついている。

赤色巨星 一生を終えようとしている大きな恒星の一種。恒星としては温度がかなり低く、赤みがかって見える。

赤色矮星 それほど高温ではない小さな恒星。

太陽系 太陽とそのまわりを回っているすべての惑星とその他の天体。

中性子 陽子とともに原子核を作っている非常に小さな物質。

中性子星 Ⅱ型超新星爆発のあとに残される、主に中性子でできた超高密度の天体。

直径 円周または球面上の一点から、中心を通って反対側の円周または球面上の一点までの直線距離。

天文学者 太陽や月、恒星や惑星、あるいは宇宙全般を研究する科学者。

Ⅱ型超新星爆発 比較的重い恒星が、突然それまでとはくらべものにならない明るさで輝きだし、大きなエネルギーを放出する現象で、恒星が爆発して死んでいく時に起きる。

白色矮星 恒星が死んだあとにできる高温の小さな天体で、非常に高密度。

物質 宇宙にある、質量をもち、空間を占めているあらゆるもの。

見かけの等級 地球から見た時の恒星の明るさ。

惑星状星雲 比較的軽い恒星が死ぬと、惑星状星雲と呼ばれる星雲ができる。その際、中心部にできる白色矮星は、いずれは暗く冷たくなっていく。

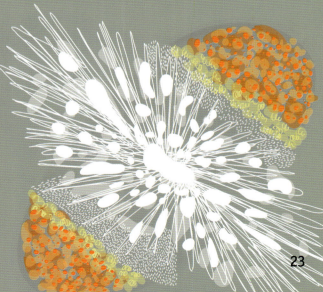

30秒でわかる
恒星の誕生

恒星は、星雲の一種である星間分子雲（暗黒星雲）から生まれます。星雲というのは塵やガスの集まった巨大な雲で、宇宙のいたるところにあります。

オリオン星雲は地球からもっとも近い星雲のひとつで、およそ1340光年はなれています。大きさは、さしわたしが24光年以上、つまり、驚くなかれ、227,000,000,000,000km以上あることになります。

近くで超新星爆発（恒星の爆発）が起きたり、別の恒星がそばを通過したりすると、それがきっかけとなって、星間分子雲の一部が自分の重力で縮みはじめます。それがどんどん小さくなり、さらに多くの塵やガスを引きつけると、高密度で高温になって、原始星と呼ばれる物質の塊を作るのです。

その後、原始星の中心部が自らくずれはじめ、圧力や温度が増して核融合を起こします。これによって水素原子核どうしが融合してヘリウム原子核となり、同時に非常に大きなエネルギーを放出します。こうして、原始星から恒星が生まれるのです。

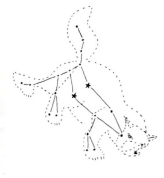

3秒でまとめ

恒星は星雲という巨大なゆりかごで育つ。

3分でできる 「星を見つけに行こう」

星座は、夜空に見ることのできる、人や物に見たてた恒星の配置だ。星座は1年を通じて、見える位置が変わっていく。星座早見板を用意するか、星座表を本からコピーしたり、ウェブサイトから印刷したりしておこう。そして、よく晴れた夜、まず星座を3つ見つけてみよう。

・国立天文台の月別星座表は、
　下記のホームページからダウンロードできる。
　http://www.nao.ac.jp/gallery/chart-list.html

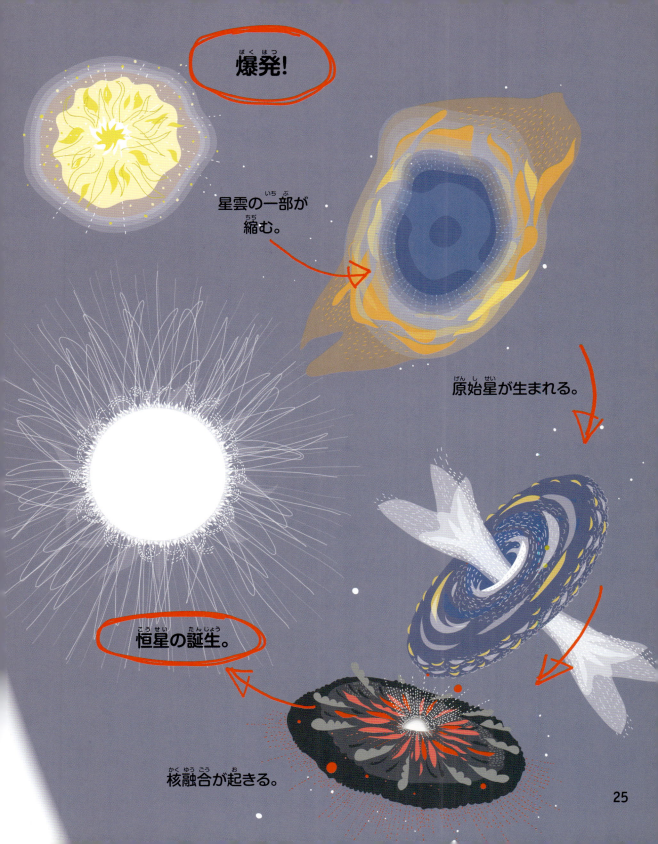

30秒でわかる
恒星の種類

恒星の大きさや温度、地球から見た明るさは、ひとつひとつちがいます。

太陽はごく平均的な大きさの恒星です。太陽より小さな恒星もあれば、はるかに大きなものもあります。オリオン座のベテルギウスは巨大な恒星です。もしも、ベテルギウスを太陽の位置においたなら、その外周は、なんと木星の軌道あたりまで来てしまいます！

さらに大きな恒星もあります。たとえば、はくちょう座にある、はくちょう座V1489星は、今わかっている中ではもっとも大きな恒星で、直径が約23億km、太陽の直径の1600倍以上あります。

恒星はガス（気体）でできていて、星ごとにさまざまな温度で燃えています。天文学者は、恒星を表面温度にもとづいて、スペクトル型と呼ばれる種類に分類しています。O型はもっとも熱く、表面温度はなんと3万℃を超えます。O型の恒星は300万個にひとつくらいしかなく、その多くはとても明るく輝いています。2番目に熱いのはB型で、地球から5000光年はなれたところにあるB型の恒星、はくちょう座OB2-12は、太陽の600万倍の明るさです。

3秒でまとめ

恒星の中には、ほかの恒星より明るい星や熱い星がある。

恒星の明るさは？

恒星は、地球から見た時にどれくらい明るく輝いているかで分類することもできる。この分類の単位を「見かけの等級」という。

もちろん、見かけの等級では太陽が1番明るい恒星で、2番目が夜空にもっとも明るく輝くシリウス、その次にカノープス、ケンタウルス座アルファ星と続く。

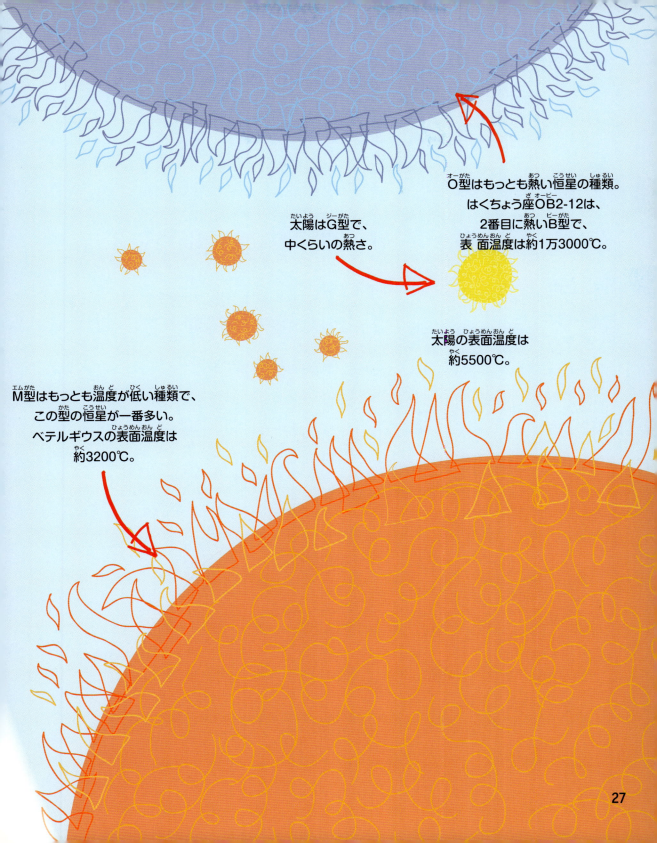

O型はもっとも熱い恒星の種類。
はくちょう座OB2-12は、
2番目に熱いB型で、
表面温度は約1万3000℃。

太陽はG型で、
中くらいの熱さ。

太陽の表面温度は
約5500℃。

M型はもっとも温度が低い種類で、
この型の恒星が一番多い。
ベテルギウスの表面温度は
約3200℃。

30秒でわかる 超新星爆発

恒星の最期はさまざまです。なかでも、II型超新星爆発と呼ばれる現象は、もっともはなばなしい最期と言えるでしょう。この現象は、巨大な恒星の核で起きている核融合に必要な燃料が足りなくなった時に起こります。重力によって恒星の核が突然くずれ、1000億℃にも達するすさまじい高温を発するのです！

その反動で、恒星のくずれた核から、秒速1万5000kmから4万kmというものすごい速度で物質が宇宙空間へ飛びだしていきます。超新星爆発では、小さな恒星が一生かけて出す量のエネルギーを、わずか1秒間で放出することがあります。それによって、一般的な恒星の100億倍の明るさで数か月間輝きつづけることもあるのです。

超新星爆発はとてもめずらしい現象ですが、夜空を観察している時に、じっと目をこらしていれば見つからないともかぎりません。2011年、カナダの10歳の少女、キャスリン・オーロラ・グレイさんは、超新星爆発のもっとも若い発見者になりました。この超新星爆発は、2億4000万光年はなれたUGC3378という銀河で起きたものです。

3秒でまとめ

II型超新星爆発は、恒星をばらばらにしてしまうほどの大爆発。

3分でできる「超新星爆発」

超新星爆発で、恒星の核から出るエネルギーが、どのように外側の層を吹き飛ばすのか見てみよう。

1. バスケットボール（またはサッカーボール）とテニスボールを、硬い地面の上にひとつずつ落とし、それぞれがどれくらい跳ねるか確かめる。
2. 次に、テニスボール（これを恒星の外側の層と考える）を、バスケットボール（恒星の中心部と考える）の上にのせ、そのまま落とす。
3. テニスボールはひとつずつ落とした時より、はるかに大きく跳ねるはず。同じように、恒星の外側の層も、超新星の中心部の爆発によって吹き飛ばされる。

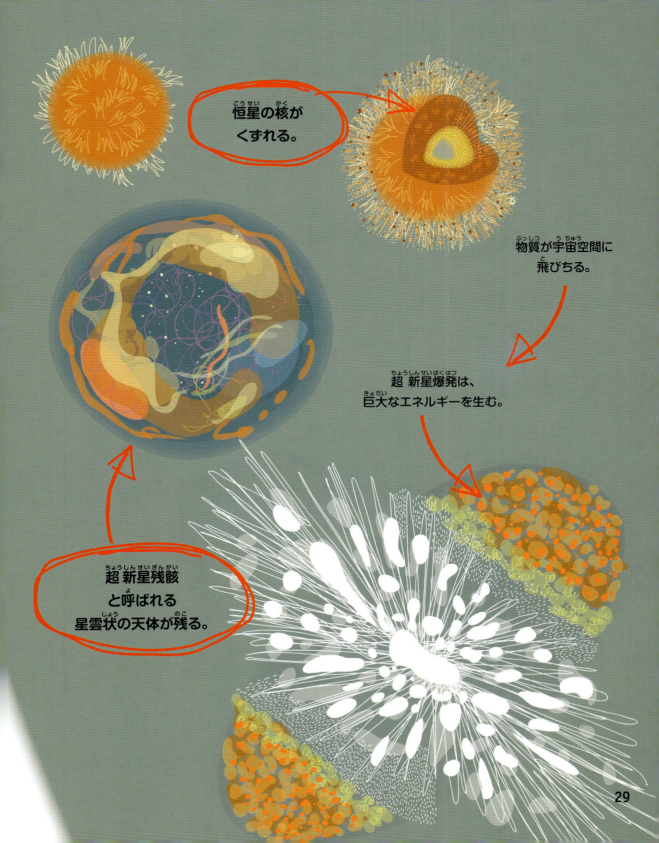

30秒でわかる
静かな死

すべての恒星が、超新星爆発のようなはなばなしい最期を迎えるわけではありません。赤色矮星は、質量が太陽の2分の1以下ですが、核の部分ではまだ核反応が起きています。こうした恒星は、核反応の燃料となる物質がへっていくにつれて徐々に縮んで暗くなり、静かな最期を迎えます。

質量が太陽の2分の1から8倍くらいまでの恒星は、もっと複雑な最期を迎えます。

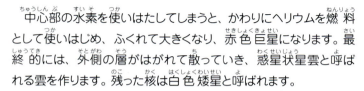

中心部の水素を使いはたしてしまうと、かわりにヘリウムを燃料として使いはじめ、ふくれて大きくなり、赤色巨星になります。最終的には、外側の層がはがれて散っていき、惑星状星雲と呼ばれる雲を作ります。残った核は白色矮星と呼ばれます。

白色矮星は小さいけれど極度に密度の高い星で、主に炭素でできています。典型的な白色矮星の大きさは、地球と同じくらいか、少し大きいくらいですが、質量は太陽と同じくらいあります。白色矮星はゆっくりと冷えていき、数十億年後に活動を停止します。

3秒でまとめ

縮んでそのまま死を迎える恒星もあれば、いったんふくれてから冷えていく恒星もある。

中性子星

白色矮星は高密度だが、中性子星はさらに密度の高い星。超新星爆発のあとに、中性子でできたとてつもなく高密度の核が残り、これが中性子星となる。

中性子星の密度は、ティースプーン1杯分が重さ100万トンを超えることがある。つまり、直径20kmに満たない中性子星が、太陽系にあるすべての物体を足したのと同じくらいの質量をもっていることになるのだ！

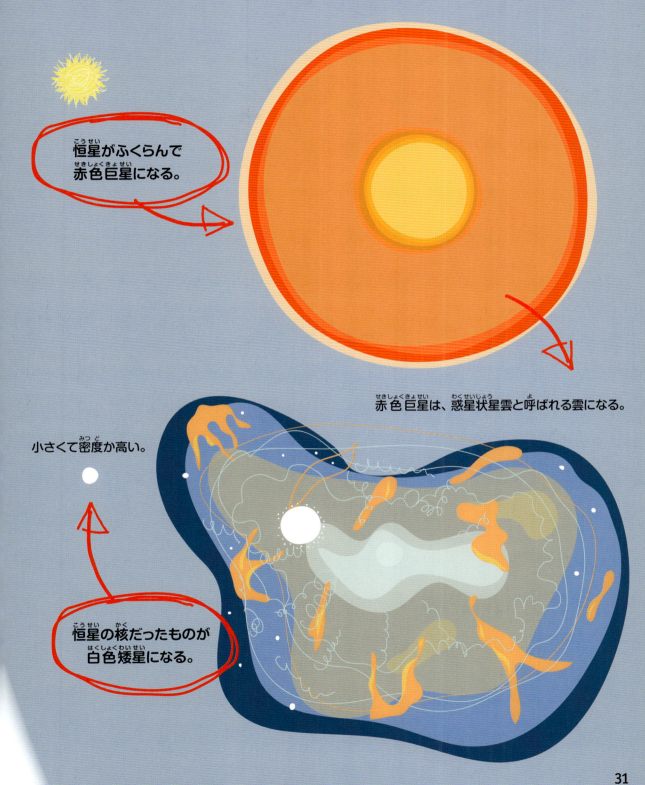

内太陽系

太陽は、宇宙空間を移動している平均的な大きさの恒星です。太陽の重力に引っぱられているので、8つの惑星とその衛星、そしてその他の天体がばらばらにならずに、楕円形の軌道を描きながら太陽のまわりを回りつづけています。惑星のうち、太陽に近いほうから4つ、水星、金星、地球、火星は、地球のように地表が硬い岩でできているので、地球型惑星と呼ばれています。この4つの惑星は、太陽、小惑星、彗星、宇宙塵、ガス、流星物質、準惑星とともに内太陽系を形作っています。

内太陽系 用語集

圧力 ある物体から別の物体にかかる力や重さ。

宇宙探査機 宇宙空間や他の天体の情報を集めて地球に送りかえす無人の宇宙船。

核反応 原子核が他の粒子と衝突し、別の種類の原子核に変わる現象。

軌道 惑星などの物体が、ほかの惑星や恒星などのまわりを回る際になぞる曲線。

峡谷 両側が切りたった岩でできている深い谷。

極冠 地球や火星の南北の極近くを常におおっている氷の層。

クレーター 小惑星のような物体が宇宙空間から地表に落下した際にできた大きな穴。

原子 物質を作っている基本的な粒子で、化学変化の最小の単位となるもの。

光球 わたしたちの目に光って見える太陽の表面。実際には大気の層。

コロナ 太陽の大気の上層で、宇宙空間にむかって太陽の大きさの数倍の範囲にまで広がっている。

彩層 太陽の大気の下層部分。

質量 ある物体にふくまれる物質の量。

自転 天体がその中心を通る直線（地軸）を軸にして回転すること。

重力 物体が互いを引きあう力。この力が、地上にある物を地球の中心にむかって引っぱっている。空中で物をはなすと地面にむかって落ちていくのはそのせい。万有引力、単に、引力ということもある。

地軸 惑星などの天体の中心をつらぬいている想像上の線で、天体は自らの地軸を中心に回転（自転）している。

直径 円周または球面上の一点から、中心を通って反対側の円周または球面上の一点までの直線距離。

月の海 月の表面の、黒っぽく見える岩でおおわれた平地。

天文学者 太陽や月、恒星や惑星、あるいは宇宙全般を研究する科学者。

天文単位(au) 距離の単位。1 auは地球から太陽の中心までの距離をもとにしていて、約1億4960万km。

望遠鏡 宇宙からの光や信号を集め、遠くにある天体を研究することを可能にしてくれる科学的装置。

放射層 太陽の中心核のすぐ外側にある層。中心核の熱は放射層を通して外側へ伝わっていく。

溶岩 火山から地表に出てきた高温の液状の岩石。

準惑星 冥王星のように、太陽のまわりを回っているが、惑星ほど大きくない天体。

小惑星 岩石や金属、もしくはその両方からできている小さな天体で、太陽のまわりを回る軌道の上にある。

大気 惑星などの天体をとりまいている、さまざまな気体がまじりあったもの。

太陽系 太陽とそのまわりを回っているすべての惑星とその他の天体。

対流層 太陽内部の層で、放射層の外側にある。

30秒でわかる
太陽

太陽は太陽系の中心にある恒星です。太陽の大きな質量が生みだす重力のおかげで、惑星や小惑星、その他の天体は、太陽のまわりを回る軌道上にとどまっています。太陽はまた、熱と光を与えてくれます。

太陽の中心核は、いわば巨大な核融合炉で、常に核反応が起きています。毎秒6億トンを超える水素原子核が核融合反応を起こし、ヘリウム原子核と大量のエネルギーを生みだしているのです。

このエネルギーは、太陽内部の放射層と対流層を通して光球に達します。光球は大気層の一部ですが、その輝きが、わたしたちの目には太陽の表面として見えています。光球の外側には彩層が、さらにその外側には、コロナと呼ばれる大気の層があります。コロナは、100万℃から200万℃というすさまじい高温に達することがあります。

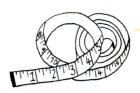

3分でできる 「太陽を測ろう」

厚紙1枚、ピン1本、白い紙と定規で、太陽を測ってみよう。

注意！ 絶対に太陽を直接見ないこと！

❶ 厚紙の中央にピンで穴をあけ、その穴をぬけた太陽光線が白い紙に映るように厚紙をかざす。次に厚紙を白い紙から徐々にはなしていき、紙に映る光の大きさをできるだけ大きくしてみよう。1メートル以上はなすのが理想的。

❷ 友だちに頼んで紙に映った光の直径と、ピンであけた穴から紙までの距離を測ってもらう。その2つの数字を下の数式にあてはめてみよう。

3秒でまとめ

太陽は熱と光をわたしたちの太陽系に与えてくれる。

$$\frac{(紙に映った太陽の直径)}{(ピンであけた穴から紙までの距離)} \times 149{,}600{,}000 \text{km} \; (地球から太陽までの距離) = (太陽の直径) \text{km}$$

計算した数字は、実際の大きさ（約1,400,000km）に近かっただろうか？

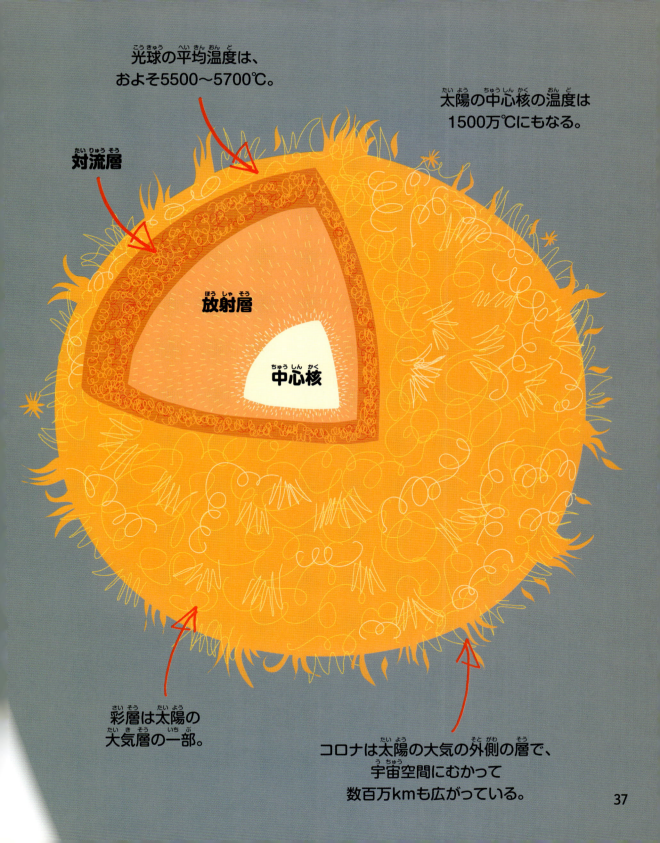

30秒でわかる 水星

水星は太陽に一番近い惑星で、太陽からの距離は平均5790万kmです。また、太陽系で一番小さい惑星でもあります。

水星は、太陽のまわりをちょうど地球時間で88日かけて1周するので、水星の1年は地球の1年の4分の1にあたります。

どの惑星も地軸を中心に自転していて、ちょうど1回転するのにかかる時間がその惑星の1日ということになります。地球の1日はほぼ24時間ですが、水星の自転速度はとてもおそく、1回転するのに1400時間以上かかります。つまり、地球で言えば58日以上かかることになります。ですから、水星時間では、2日たたないうちに1年が終わってしまいます。

水星表面の温度は、太陽に直接照らされている場所では427℃もの高温になることがあります。一方で、太陽光線があたらなくなると温度は急激に下がり、零下170℃以下にもなります。

水星の表面には、さまざまな大きさのクレーターがたくさんあります。これは太陽系ができた最初のころに、水星の表面に小惑星が次々に衝突したからではないかと天文学者たちは考えています。

3秒でまとめ

小さな水星は
焼けるように
熱く
凍りつくほど
冷たい。

3分でできる「クレーターを作ろう」

ボウルに小麦粉と少量の水を入れて混ぜ、やわらかいが流れださないくらいの固さにする。それを、大きなトレーか深皿に入れ、外へもちだす。

トレーや深皿を地面においたら、その前に立ち、大きさのちがう丸い物（ビー玉やゴルフボールなど）を上から落としてみよう。その際、落とす高さを、膝、胸、頭の上など、変えてみるといい。落とす物の大きさや落下速度によって、クレーターの大きさが変わることがわかるはず。

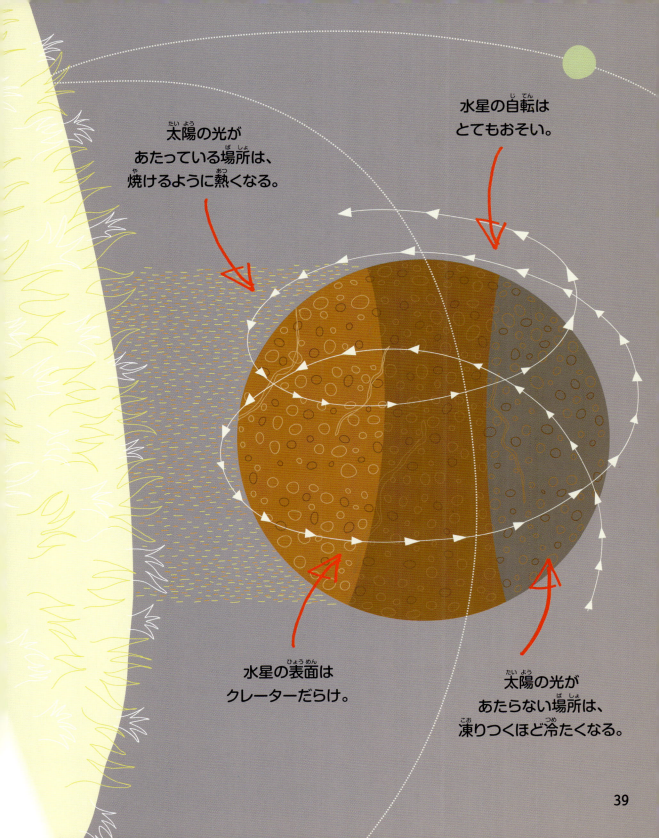

30秒でわかる 金星

　金星は太陽に2番目に近い惑星で、大きさは地球とほぼ同じです。金星は太陽系でもっとも熱い惑星です。
　金星は、太陽のまわりを回る軌道を1周するのに224.7日しかかかりませんから、かなりの速さで動いていることになります。しかし、地軸を中心とする自転となると、とてものんびりしています。1回自転するのに、なんと地球時間で243日もかかるのです。つまり、金星の1日は1年より長いのです！

**金星表面の平均温度は約462℃。
鉛が溶ける温度より高いのです。**

　しかも、大気が分厚い毛布の役目を果たしていて、その熱をしっかりと封じこめています。金星の大気は約96パーセントが二酸化炭素、3.5パーセントが窒素で、わずかに硫黄がふくまれていますが、動物が生きていくのに必要な酸素や水蒸気はほとんどありません。
　大気が濃いため、地表には地球の気圧の90倍もの圧力がかかっています。人間が金星に行ったとしたら、たとえ毒性のある雲をぬけて着陸できたとしても、地表にかかる大気の圧力でぺちゃんこにつぶれてしまうでしょう。

3秒でまとめ

金星は
おそろしく
熱くて、
大気は
有毒。

金星の探査

　大気がとても濃いので、地球から金星の表面を観察することはむずかしい。しかし、マゼラン、ビーナス・エクスプレス、ベネラといった宇宙探査機が金星の近くまで行き、雲の上から透視できる装置を使ったり、実際に着陸したりして地表の様子を調べてきた。
　こうした探査によって、金星の表面には生物が存在せず、火山やクレーターがあり、溶岩でできた平地が広がっていることがわかっている。

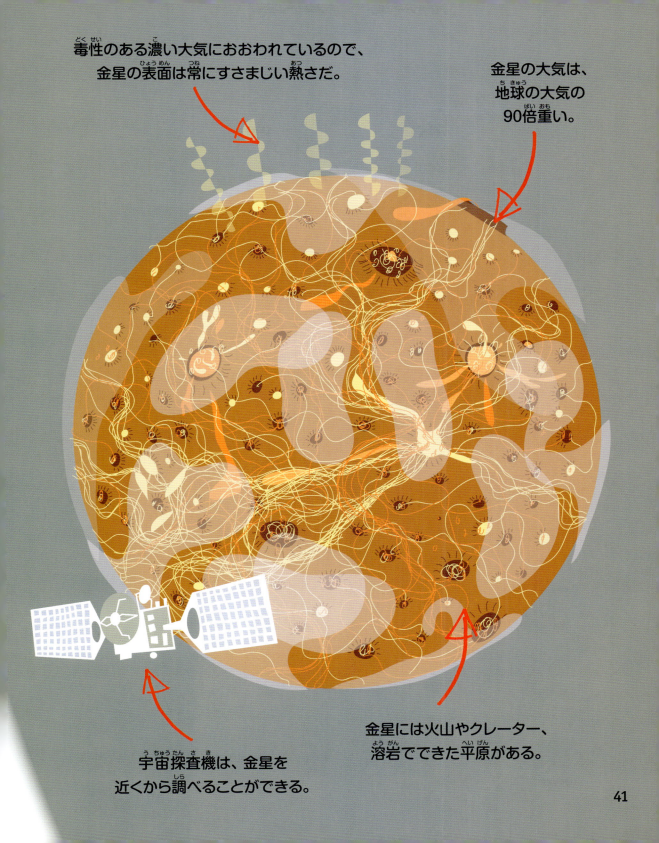

30秒でわかる 地球と月

地球は太陽から平均149,597,870.7kmはなれた位置にあります。この距離を1天文単位（au）と定めていて、太陽系の話をする時に、よくこの単位が使われます。たとえば、太陽から木星までの距離は約5.2auです。

わたしたちの暮らす地球は、片時も休むことなく、太陽のまわりを回る1周9億3990万kmの軌道にそって、猛スピードで宇宙空間を移動しています。そして、同時に、自らの地軸を中心に自転しています。地球が1回自転するのに23時間56分4秒かかり、その間に、地球上のそれぞれの場所は太陽に照らされたり、陰になったりします。それが、昼と夜です。

地球の地軸は23.4度傾いています。この傾きによって季節が生まれます。北半球と南半球のうち、太陽に多く照らされているほうの半球は夏になり、その間、もう一方の半球は冬になります。地球が軌道上を進んでいくにつれ、季節は移っていきます。

地球を包みこみ、太陽からの有害な光線の多くを防いでくれているのが大気です。大気のおかげで地表付近の気温が保たれ、生物が生きていくことができるのです。

地球の衛星はひとつ、つまり月だけで、地球から平均0.0026au（38万4400km）の距離にあります。月には何百というクレーターと、海と呼ばれる岩でできた平らな土地があります。

3秒でまとめ

わたしたちは時速10万7000kmで太陽のまわりを回る天体の上に立っている。

3分でできる「月の地図を作ろう」

双眼鏡か望遠鏡を用意し、よく晴れた夜に月を観察してみよう。気づいた特徴をスケッチすれば、自分だけの月の地図ができる。クレーターや月の海がわかるだろうか？

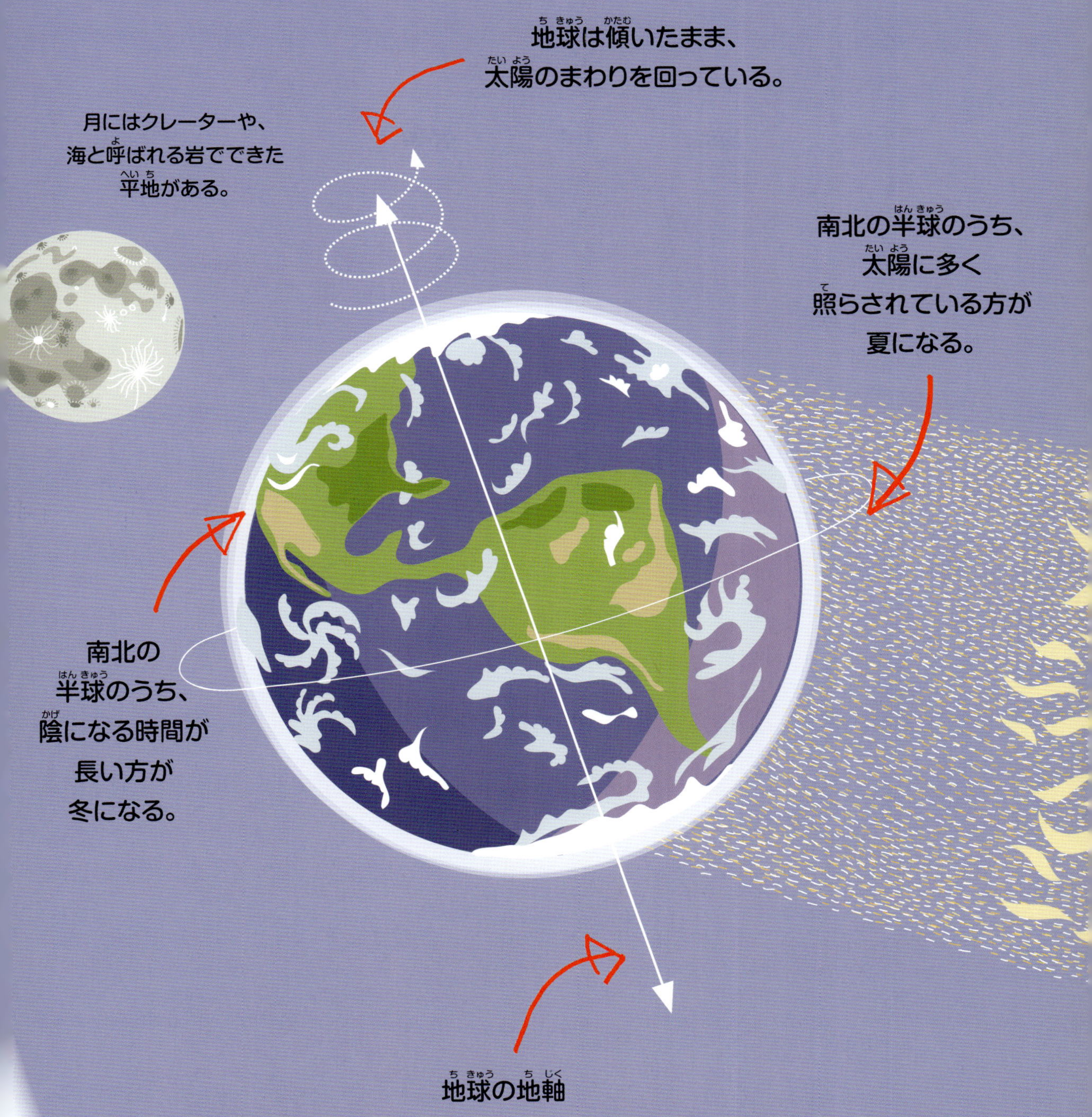

地球は傾いたまま、
太陽のまわりを回っている。

月にはクレーターや、
海と呼ばれる岩でできた
平地がある。

南北の半球のうち、
太陽に多く
照らされている方が
夏になる。

南北の
半球のうち、
陰になる時間が
長い方が
冬になる。

地球の地軸

30秒でわかる
火星

火星は太陽系で2番目に小さい惑星で、直径は、地球の半分より少し大きいくらいです。火星の表面には、水が液体としてたまっている海がないので、陸地だけでいえば、地球の陸地と同じくらいの広さがあります。地表のほとんどは、岩だらけのほこりっぽい砂漠の中に、クレーターや平地が点在しているだけのように見えます。

それでも、火星のあちこちには、太陽系でもっとも壮大な地形があります。マリネリス峡谷と呼ばれるとてつもない規模の峡谷がありますし、巨大な火山やクレーターがあるのです。

こうしたスケールの大きな地形とくらべると、火星の2つの衛星、ダイモスとフォボスはとても小さなものです。どちらも球形ではなく、大きなジャガイモのような形をしています。大きいほうの衛星フォボスの直径は、最大で27kmしかありません。

科学者たちは、望遠鏡と宇宙探査機を用いて火星の特徴を解きあかしてきました。火星の大気はとても薄く、その95パーセント以上が二酸化炭素です。この惑星には、極冠と呼ばれる極地をおおう氷がありますが、氷の大半は凍った二酸化炭素です。火星には凍った水があることもわかっています。

3秒でまとめ

地球のとなりにある火星には、砂漠、氷、火山、クレーターがある。

3分でできる「火星への旅」

人間が火星まで行き、この惑星の上でそれなりの時間をすごしてから地球へもどってくるには、おそらく3年以上かかる。それは探検に行く人たちにとって、どのような旅になるだろうか。これだけ長い時間を宇宙ですごすとなると、どんな問題が起きるだろう？ そして、好きなものを5つもっていっていいと言われたら、あなたはなにをもっていくか？ それぞれ考えて書きだしてみよう。宇宙船には探検旅行に必要なものが積みこまれているので、余分なスペースはほとんどないことを忘れずに。

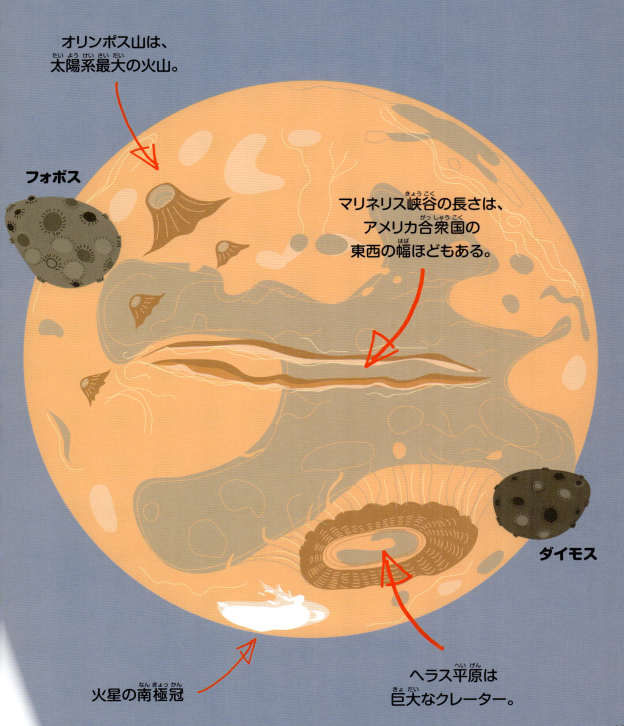

30秒でわかる
小惑星と準惑星

小惑星は、太陽のまわりを軌道に乗って回っている岩石や金属の塊、あるいは、その両方がまじってできた天体です。小惑星の多くは、火星と木星のあいだの小惑星帯と呼ばれる宇宙空間に、巨大なドーナツ状に集まっていて、ここには、直径1km以上ある小惑星が100万個以上あると考えられています。

こうした小惑星は、太陽系ができる時に出たあまりもの、つまり、惑星になりきれなかった物質と考えられています。

小惑星は太陽系のほかの場所でも見つかっています。トロヤ群は、木星の軌道上にある小惑星の集まりです。地球近くでは、火星と地球の軌道のあいだでも小惑星がたくさん見つかっています。

1930年に、アメリカの天文学者クライド・トンボーが冥王星を発見した時は、太陽系の9番目の惑星とされました。しかし、2006年、科学者たちは、冥王星を準惑星に分類しなおしました。準惑星の定義は、形が球形で、太陽のまわりを回ってはいるものの、軌道上にあるほかの物体をはじきとばしたり、とりこんでしまうほど大きくはない天体です。

3秒でまとめ

小惑星は
岩や金属の塊。
準惑星は
小さくて惑星とは
認められない
天体。

3分でできる 「宇宙探査機をチェック」

2機の宇宙探査機、ドーンとニュー・ホライズンが、2015年に2つの準惑星に到達し、観測を始めた。NASA（アメリカ航空宇宙局）のホームページ（http://solarsystem.nasa.gov/missions/）にアクセスしてみよう。「Missions」（計画別）から「By Target」（目的地別）をひらき、「Dwarf Planets」（準惑星）をクリックすると、ドーンとニュー・ホライズン、それぞれの探査計画やこれまでの記録や観測結果が、画像や動画を交えて紹介されている。ドーンは小惑星ベスタを観測したのち、準惑星ケレスを観測、ニュー・ホライズンは準惑星冥王星の観測を行なっている。

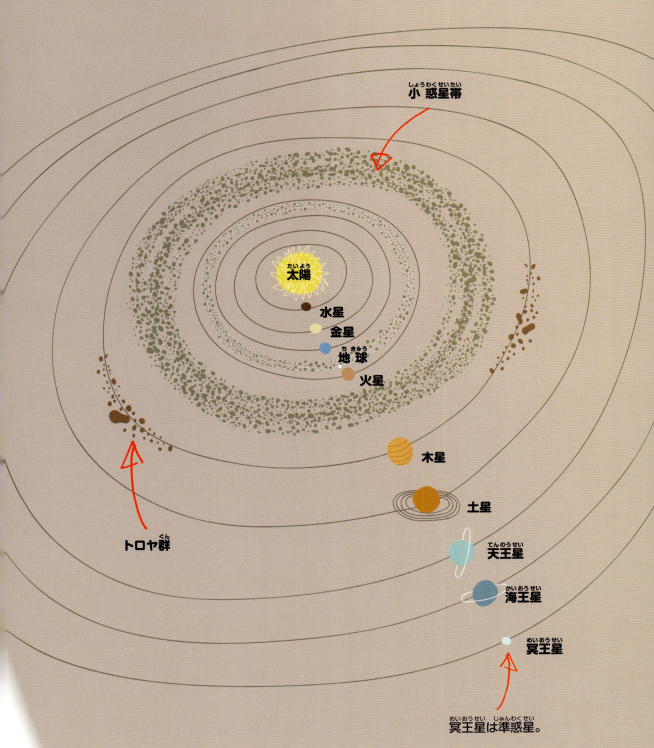

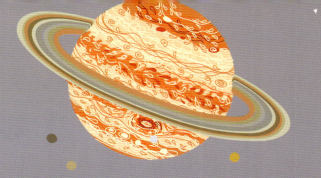

外太陽系
がいたいようけい

火星と小惑星帯の外側には、外太陽系があります。この広大な領域にあるのは、4つの木星型惑星、つまり、木星、土星、天王星、海王星と、それぞれのまわりを回っている数多くの衛星です。ここでは、彗星もたくさん見つかります。海王星の外側には、カイパーベルト天体や、準惑星の冥王星、ハウメア、エリスなどの小さな天体があります。太陽から遠くはなれているので、このあたりはすさまじい寒さです。

外太陽系
用語集

宇宙探査機 宇宙空間や他の天体の情報を集めて地球に送りかえす無人の宇宙船。

オールトの雲 カイパーベルトからさらに外側に遠くはなれたところにある領域で、ここで彗星の一部が生まれると考えられている。

カイパーベルト 海王星の外側にある太陽系内の領域で、彗星の一部はここで生まれる。

軌道 惑星などの物体が、ほかの惑星や恒星などのまわりを回る際になぞる曲線。

極 ある惑星の地軸の両端にあたる地点。

元素 物質を作っている基本的な成分（原子の種類）。

高密度 大きさのわりに非常に重い状態。とても小さなものが、すさまじい重さをもつ。

コマ 彗星の核のまわりにできる、塵やガスの雲。

質量 ある物体にふくまれる物質の量。

重力 物体が互いを引きあう力。この力が、地上にある物を地球の中心にむかって引っぱっている。空中で物をはなすと地面にむかって落ちていくのはそのせい。万有引力、単に、引力ということもある。

彗星 太陽のまわりを回っている氷や塵の塊。

赤道 惑星の地表をぐるりと巻いている想像上の線で、南北の極から等しい距離にある。

大気 惑星などの天体をとりまいている、さまざまな気体がまじりあったもの。

太陽系 太陽とそのまわりを回っているすべての惑星とその他の天体。

地軸 惑星などの天体の中心をつらぬいている想像上の線で、天体は自らの地軸を中心に回転（自転）している。

直径 円周または球面上の一点から、中心を通って反対側の円周または球面上の一点までの直線距離。

天文単位(au) 距離の単位。1auは地球と太陽の中心間の距離をもとにしていて、約1億4960万km。

望遠鏡 宇宙からの光や信号を集め、遠くにある天体を研究することを可能にしてくれる科学的装置。

30秒でわかる 木星

木星の大きさは、けたはずれです。太陽系最大の惑星である木星は、赤道部分の直径が約14万3000km。あまりに巨大で、太陽系のほかのすべての惑星の質量を合計しても、木星の質量のわずか40パーセントにしかなりません。

その大きさのわりには、木星が自らの地軸を中心にして回転する自転速度はきわめて速く、時速約4万3000kmです。

木星は巨大ガス惑星で、大部分が水素とヘリウムでできています。中心には、岩石などでできた核があると多くの科学者たちは考えています。核の周囲では、ガスが液体になっていると思われます。

木星の大気には、猛烈な嵐が吹きあれています。もっとも大きな嵐は大赤斑と呼ばれる時速500km（秒速139m）の強風が吹く大気の渦で、この渦は300年以上も前から消えることなく観測されています。大赤斑の大きさは変化しますが、現在では東西が約2万km、南北が約1万2000kmあり、地球の直径より大きいことになります。

木星の強い引力によって、60以上の衛星がこの惑星のまわりを回りつづけています。

3秒でまとめ

巨大な木星はほぼ、ガス（気体）でできている。

3分でできる 「惑星で変わる体重」

物体の重さは、重力がその物体をどれくらい強く引っぱっているかを表わす数値だ。あなたの体重は、ほかの惑星へ行ったらどう変わるのだろう？　まず体重計で自分の体重を計り、次にその体重に、右にあげた、地球の重力を1とした時の各惑星ごとの重力の比をかけてみよう。

水星	0.38
金星	0.91
火星	0.38
木星	2.37
土星	0.93
天王星	0.89
海王星	1.11
冥王星	0.06

（冥王星は準惑星）

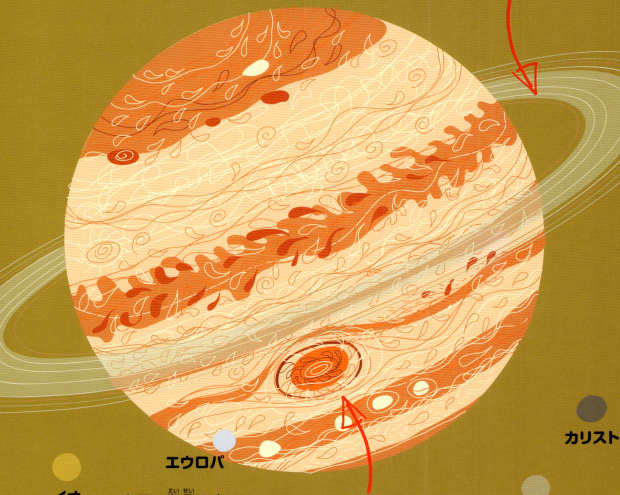

木星は主にガス（気体）でできている。

木星には輪があるが、土星の輪ほどは目立たない。

イオ

エウロパ

木星の衛星の中でとくに大きなものが、イオ、エウロパ、ガニメデ、カリスト。

大赤斑は、巨大な荒れくるう大気の渦。

ガニメデ

カリスト

地球

木星の直径は、地球の直径の約11倍。

30秒でわかる 土星

土星は太陽系で2番目に大きい惑星です。どれくらい大きいかというと、土星の中に地球が760個も入る大きさなのです！ 土星は、ほとんど水素とヘリウムの気体でできています。この2つは、宇宙でもっとも軽い元素と2番目に軽い元素です。

ですから、土星は太陽系の惑星の中でもっとも密度が低く、水の70パーセントの密度しかありません。つまり、土星は風呂の水に浮かぶのです。もちろん、浴槽が土星を浮かべられるほど大きければの話ですが！

木星、天王星、海王星にも輪がありますが、土星の輪が一番大きくて立派です。この輪は、科学者たちが探査機や最新機器を使って調べたところ、無数の小さな岩や氷、塵などが、土星の引力によって同じ位置にとどまってできていることがわかりました。

3秒でまとめ

土星は巨大だが、水に浮かぶほど軽い。

3分でできる「太陽系を歩く」

ボールを9つ用意して広いグラウンドへ行き、まず太陽に見たてたボールを地面におく。次に、50cmの歩幅がどれくらいか確かめ、その歩幅で何歩歩いたら、右に示した距離になるか計算する。太陽のボールから歩きはじめ、各惑星の位置にボールをおきながら、土星の位置まで歩いてみよう。(グラウンドが十分に広ければ、天王星や海王星の位置も確かめよう。)

右の数値は、1mが2000万kmにあたる。つまり、実際の太陽系は、この数字の200億倍というとてつもない大きさだ。

水星	3m
金星	5.5m
地球	7.5m
火星	11.5m
木星	39m
土星	71.5m
天王星	143.5m
海王星	225m

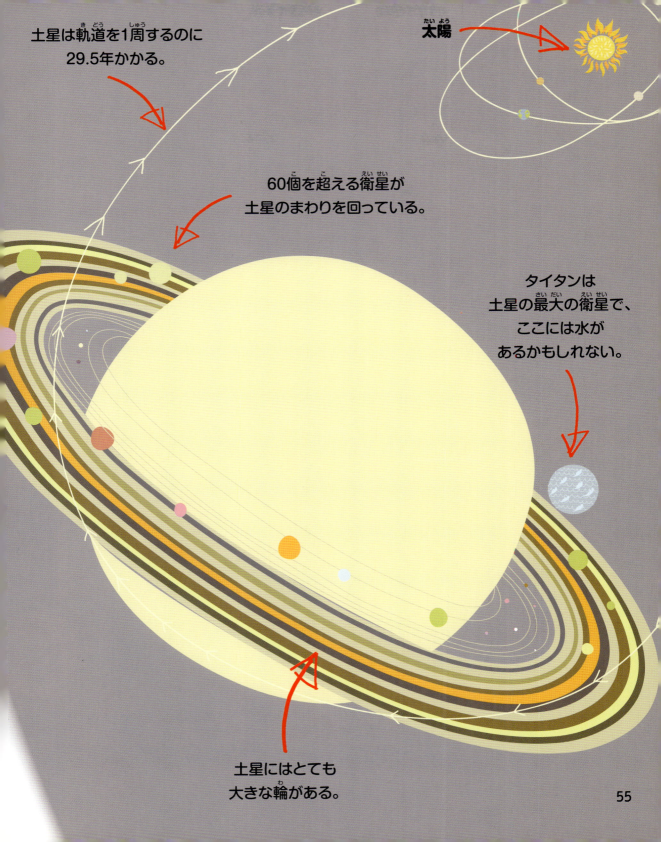

30秒でわかる 天王星と海王星

海王星は太陽からとても遠いので、太陽の光が海王星までとどくのに4時間以上かかります（地球までなら8分）。天王星と海王星は太陽のエネルギーをほんのわずかしか受けていません。その結果、どちらも非常に冷たい惑星で、表面をおおっている雲の外側の温度は零下210℃にもなります。すさまじい寒さですね！

海王星の表面では激しい嵐が吹きあれていますが、それは太陽系で見つかるもっとも強い風によってできたものです。時速1500km（秒速417m）の風が観測されたことがありますが、この風速はジェット機より速いことになります。

天王星は太陽を回る軌道を1周するのに、84.2年かかります。海王星はそれよりもさらに80年以上かけて1周します。つまり、海王星で生まれた赤ちゃんは、海王星時間で1歳の誕生日をむかえるのに、地球時間で164年かかることになります。

天王星は、地軸が97.86度、横にたおれています。天王星の極では、夏と冬がすっかり入れかわるのに42年かかります。なぜなら、片方の極が真上から太陽に照らされている状態から、もう一方の極がそのような状態になるまで、太陽を回る軌道を半周しなければならないからです。

3秒でまとめ

天王星と海王星は衛星が多く、非常に冷たい惑星。

月がたくさん

天王星と海王星の空に浮かぶ月は1つではない。この2つの惑星には衛星が（つまり月が）たくさんある。近年、望遠鏡の性能が上がり、また宇宙探査機が近くまで到達したこともあって、さらに多くの衛星が見つかっている。

最新の観測結果では、天王星には27個の衛星がある。海王星には14個あって、そのひとつはトリトンという名の、太陽系でもっとも冷たい衛星だ。トリトンの地表は、凍った窒素やメタン、水氷（水が凍結してできた氷）でできている。

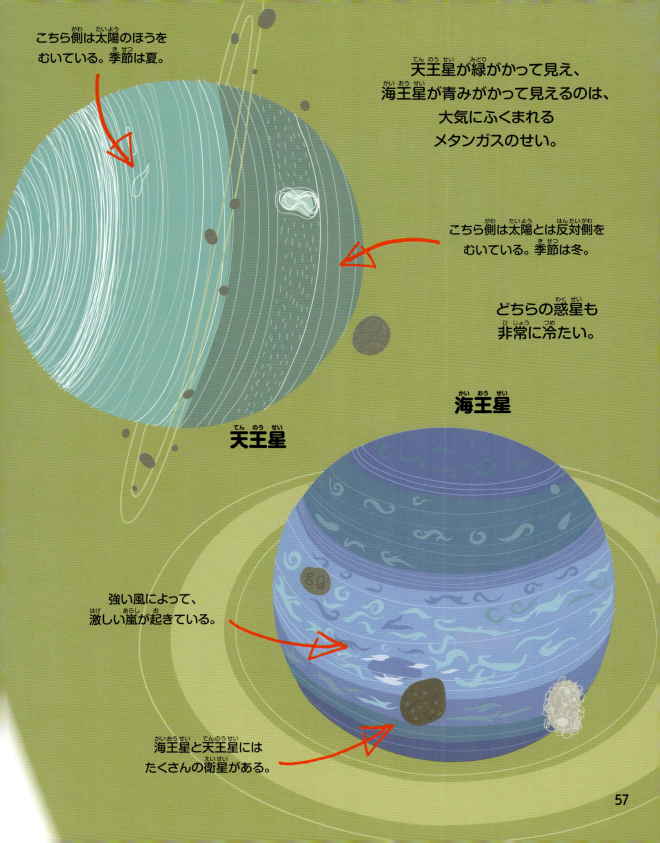

30秒でわかる 彗星

彗星は、宇宙空間を飛んでいる汚れた雪玉だと思ってください！ 彗星の中心には氷と岩石のかけらでできた固い核があります。彗星の大きさはさまざまで、核の直径が数百メートルのものから、40kmのものまであります。そうした天体が軌道に乗って太陽のまわりを回っています。彗星の長い旅の大部分は、ただひたすら宇宙空間を飛んでいるだけです。

ほとんどの彗星は、もとは太陽系の端のほうにあった天体です。太陽系のはずれ、海王星からさらに25au外側、つまり、地球と太陽の距離の25倍はなれたところに、カイパーベルトという領域があります。そして、海王星やカイパーベルトのそのまたはるか外側、太陽から5万auほどはなれたあたりに、オールトの雲という領域が広がっています。

カイパーベルトやオールトの雲にある彗星のもととなる天体が、近くを通った別の天体の引力で、太陽にむかって動きはじめます。彗星が太陽から6auほどの距離までやってくると、太陽の熱によって核が熱せられます。氷の一部が溶けて気体となり、核の周囲にコマと呼ばれる大きな雲を作ります。コマの大きさは、核の1000倍以上になることもあります。

3秒でまとめ

彗星は、太陽のまわりを猛スピードで回っている氷と塵のまじった雪玉。

彗星の尾

核の一部は蒸発してガスになり、同時に、核の中から塵が引きぬかれていく。このガスと塵が、太陽の反対側に伸びる1本、または2本の長い尾を作る。
1996年に発見された百武彗星は、長さ5億5000万kmを超える尾をもっていることがわかった。この長さは、太陽と地球のあいだの距離の3倍以上にあたる。

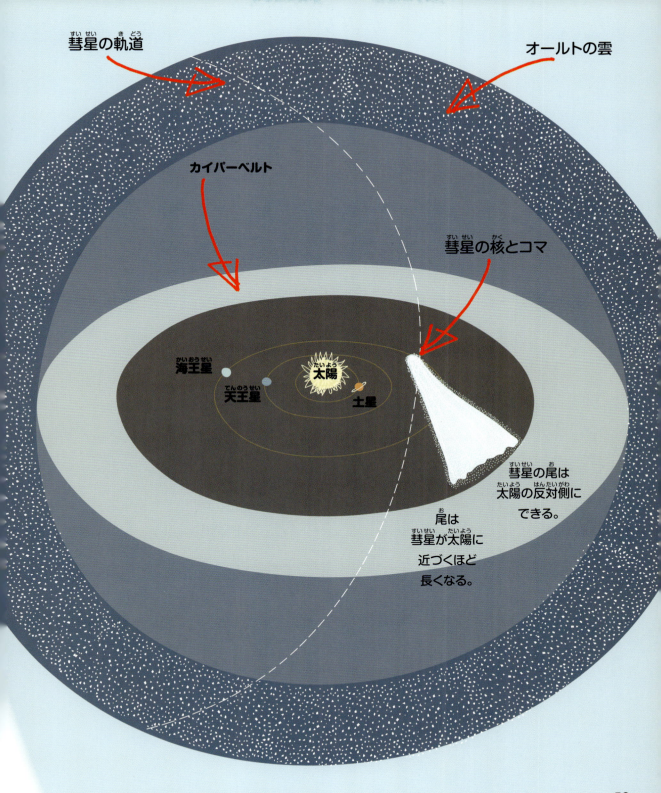

宇宙には、ほかになにがあるのか？

太陽系の外には無数の星があり、銀河と呼ばれる大きな集団をいくつも作っています。銀河の中には、何千億個という恒星や惑星のほかに、解明されていない天体もあります。たとえば、ブラックホールからは光がまったく外に出てきません。また、広い宇宙で生命を育むことのできる星は地球だけなのか、という問題も、さかんに議論されています。どこかに宇宙人はいるのでしょうか？

宇宙にはほかになにがあるのか？
用語集

天の川銀河（銀河系） 太陽とその惑星、そして、その他の多くの恒星でなりたっている銀河。現在、望遠鏡なしに見ることができる恒星は、すべて天の川銀河のもの。

宇宙 宇宙空間、および、地球やその他の惑星、恒星などの、そこにあるすべてのもの。

軌道 惑星などの物体が、ほかの惑星や恒星などのまわりを回る際になぞる曲線。

局部銀河群 わたしたちのいる天の川銀河が属している銀河の集団。

銀河 恒星や惑星、および、ガスや塵などの星間物質の集まり。

元素 物質を作っている基本的な成分（原子の種類）。

光年 光が1年かかって進む距離。

高密度 大きさのわりに非常に重い状態。とても小さなものが、すさまじい重さをもつ。

事象の地平面 ブラックホールをとりまく、光が脱出できなくなる領域の境界面。この内側にあるものはすべてブラックホールに吸いこまれてしまう。

重力 物体が互いを引きあう力。この力が、地上にある物を地球の中心にむかって引っぱっている。空中で物をはなすと地面にむかって落ちていくのはそのせい。万有引力、単に、引力ということもある。

太陽系 太陽とそのまわりを回っているすべての惑星とその他の天体。

太陽系外惑星 太陽系以外の惑星系にある惑星。

天文学者 太陽や月、恒星や惑星、あるいは宇宙全般を研究する科学者。

Ⅱ型超新星爆発 比較的重い恒星が、突然それまでとはくらべものにならない明るさで輝きだし、大きなエネルギーを放出する現象で、恒星が爆発して死んでいく時に起きる。

ブラックホール 重力が非常に大きい天体で、いったんその周囲にある事象の地平面より内側に入ると、どんなものでも、光でさえもぬけだせない。

望遠鏡 宇宙からの光や信号を集め、遠くにある天体を研究することを可能にしてくれる科学的装置。

30秒でわかる
天の川銀河（銀河系）

わたしたちの地球がある銀河は、天の川銀河（銀河系）です。これは渦巻銀河という種類の銀河で、直径が10万光年から12万光年、厚みが約1000光年くらいある円盤のような形をしています。

どれくらいの大きさかというと、もしも天の川銀河が縦横100mのグラウンドの大きさに縮んだとしたら、太陽系の大きさは、その上にある直径2mmの砂粒くらいになってしまいます。

惑星が太陽のまわりを回っているように、太陽系は天の川銀河の中心のまわりを円を描いて移動しています。この軌道を太陽系がぐるりと1周するのに、2億2500万年から2億3000万年かかります。

天の川銀河は、局部銀河群と呼ばれる銀河集団の一部です。局部銀河群は、アンドロメダ銀河やさんかく座銀河、おおいぬ座矮小銀河など、40を超える銀河からなりたっていて、その一部はごく最近発見されたばかりです。局部銀河群の直径は、約1000万光年あります。

3秒でまとめ
太陽は天の川銀河にある2000億個の恒星のひとつにすぎない。

3分でできる「星を数えよう」
天の川銀河には、恒星が2000億個あるとしよう。
そう、200,000,000,000個！　これだけの星を数えるのに、1秒に1つ数えられるとしたら、いったい何年かかるだろうか？　次のヒントを使って計算してみよう。

❶ 計算機を用意する。1日にいくつの星を数えられるか計算する。
❷ 1日に数えられる星の数に、365.25（4年に一度やってくるうるう年を計算に入れている）をかけると答えが出るはず。

〈答えは96ページ〉

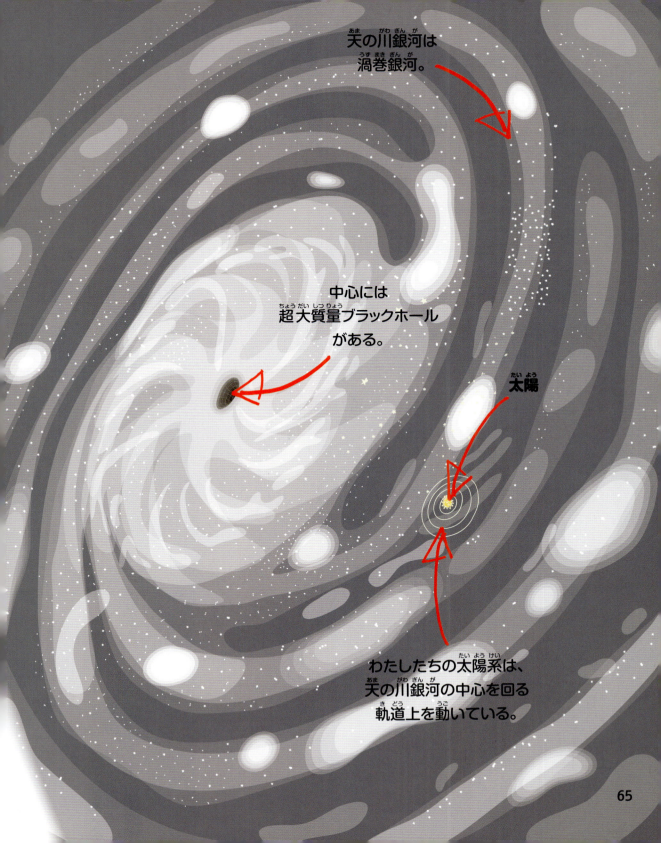

30秒でわかる 銀河

宇宙にはとても多くの銀河があります。ひとつひとつの銀河は、ガスや塵、恒星や惑星の巨大な集まりです。銀河のほとんどは、あまりに遠いところにあるため、地球から直接見ることはできません。

天の川銀河にもっとも近い銀河のひとつに、アンドロメダ銀河（M31）があります。アンドロメダ銀河は直径が約22万光年、8000億個の恒星でできていると考えられています。

アンドロメダ銀河は、天の川銀河にむかって毎秒140kmを超える猛スピードで接近しています。だからといって、夜も眠れなくなるほど心配することはありません。これだけの速さで近づいていても、二つの銀河が衝突するまでに30億年以上かかるのですから。

天文学者たちは、銀河を全体の形によっておおまかに分類しています。天の川銀河もアンドロメダ銀河も、どちらも渦巻銀河です。楕円球や球に近い形をした、楕円銀河と呼ばれるものもあります。

レンズ状銀河は平らな円盤のような形をしていて、その多くは中央がふくらんでいます。はっきりした形をもたない銀河は、不規則銀河と呼ばれています。不規則銀河は、ほかの銀河の重力に引っぱられて形がくずれたのではないかと考えられます。

3秒でまとめ

銀河は ガスや塵、恒星や惑星の 巨大な集まり。

3分でできる 「銀河の形」

Googleなど、インターネットの検索サイトを利用して、以下の銀河の画像を検索しその形をたしかめてみよう。

❶ アンドロメダ銀河のほかに、2つの渦巻銀河、子持ち銀河と天の川銀河を検索してみよう。

❷ M87銀河は、不規則銀河、楕円銀河、レンズ状銀河のうち、どれか？

❸ M104ソンブレロ銀河は、渦巻銀河とされていたが、近年の調査で、楕円銀河の中に円盤構造をもっているのではないかと考えられている。

渦巻銀河

楕円銀河

レンズ状銀河

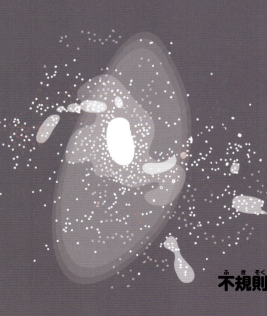
不規則銀河

30秒でわかる
ブラックホール

ブラックホールを見たことのある人はいません。ブラックホールは宇宙空間に存在する重力が非常に強い天体で、周囲のあらゆるものを、物質も光も、吸収してしまいます。とても狭い領域に非常に高密度の質量があるために、こうした信じられないほど強い重力が生まれるのです。

わかっているかぎりでは、ブラックホールの重力から逃れられるものは存在しません。

ブラックホールの周囲には、光が脱出できなくなる領域があります。この領域とまわりの宇宙空間との境界を「事象の地平面」と呼びます。事象の地平面より内側にあるものは、どんなエネルギーや物質も、逃れられずにブラックホールの中に引きこまれてしまいます。

科学者たちは、ブラックホールにはいくつかの種類があると考えています。超大質量ブラックホールは銀河の中心部にあります。恒星ブラックホールは、恒星が超新星爆発を起こしたあとに残る非常に高密度の核（中心）がもとになってできます。その大きな核が自らの重力に耐えきれずに内側につぶれつづけ、さらに重力が強くなり、最後にブラックホールになるのです。

3秒でまとめ

ブラックホールは周囲のあらゆるものを、光さえも吸いこんでしまう！

ブラックホールを見るには

どんな光もブラックホールから逃れられないのなら、いったいどうすればブラックホールを見ることができるのだろう？天文学者たちは、ブラックホールが周囲の天体に与える影響を観測することで、その正体を突きとめようとしている。たとえば、近くにある星から出たガスや塵が吸いこまれていく様子を調べることで発見されたブラックホールもある。

30秒でわかる
宇宙人はいるのか？

　地球外生命は存在するのでしょうか？　だれにも確かなことはわかりません。天文学者たちは、太陽系の中でも外でも、熱心に宇宙人をさがしてきましたが、今のところ見つかっていません。けれども、地球上で生命をなりたたせている化学元素は、宇宙のいたるところで見つかっています。

　宇宙がとてつもなく広いことを考えると、全宇宙で、たったひとつの銀河の、この小さな惑星にしか生命が存在しない、などということがあるでしょうか？

　まさに、宇宙のそのとほうもない広さのせいで、宇宙人さがしは非常にむずかしい課題となっています。しかし、知的生命体が存在する証拠を求めて、電波望遠鏡が受ける電波信号をつぶさに調べている組織があります。また、わたしたちの存在を宇宙人にむけて知らせようとしてきた人たちもいて、たとえば、地球についての基礎的な事実を電波信号に変え、宇宙にむけて発信しつづけています。

　最近では、太陽系外惑星（太陽以外の恒星のまわりを回っている惑星）が次々に発見され、宇宙人さがしをしている人たちは勢いづいています。2016年5月現在、すでに3000個を超える太陽系外惑星が発見されています。はたして、そのうちのどれかひとつでも、生命が生まれるのに必要な条件は整っているのでしょうか？

3秒でまとめ

宇宙人はまだ見つかっていない。でも、いつか……。

3分でできる「宇宙人に自己紹介」

　地球外の生命体と接触するために、宇宙にむけて発信する画像をあなたが考えることになったとしよう。いったい、どんな情報を、どんな形で発信すればいいだろうか？

　宇宙人には地球の言葉が通じない！　人間や、地球や、宇宙の中の地球の位置を表わすための、記号やしるし、図案などを考えてみよう。

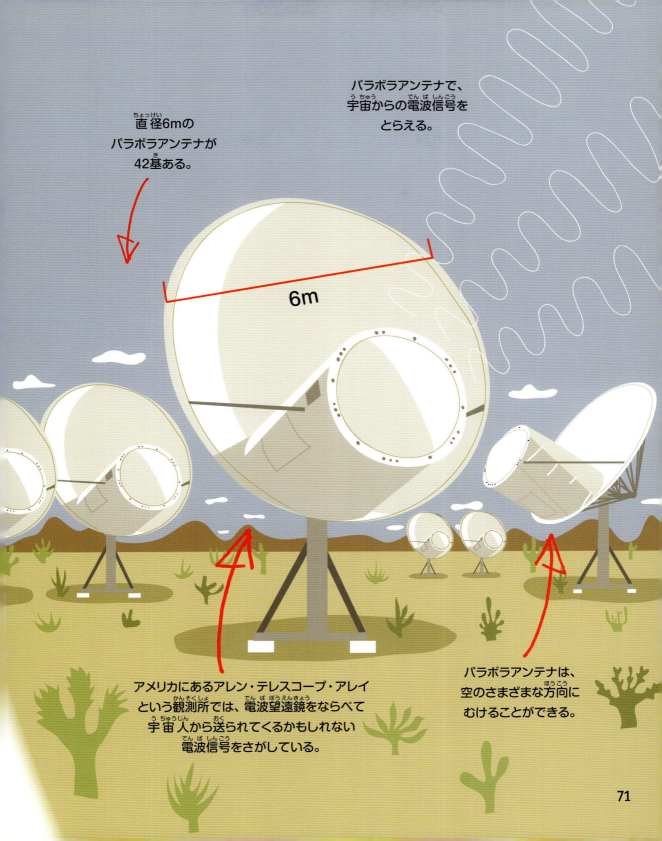

宇宙の地図を作る

望遠鏡が発明される前、科学者たちは恒星や惑星のことをほとんど知りませんでした。科学者たちが望遠鏡を使って天体をくわしく調べるようになったのは、16世紀以降のことです。20世紀になると科学が大きく進歩し、ようやく人間や探査機やその他の科学装置を宇宙に運んでいくことができるようになりました。今では、望遠鏡や探査機のおかげで、太陽系の端にある惑星や衛星についても、驚くほどくわしい情報を、地球にいながらにして手に入れることができます。

宇宙の地図を作る 用語集

アパーチャー 望遠鏡の開口部で、ここから光をとりこむ。

アンテナ 空間を伝わってくる電波信号を受けたり、空間に送りだしたりする装置。

宇宙 宇宙空間、および、地球やその他の惑星、恒星などの、そこにあるすべてのもの。

宇宙探査機 宇宙空間や他の天体の情報を集めて地球に送りかえす無人の宇宙船。

軌道 惑星などの物体が、ほかの惑星や恒星などのまわりを回る際になぞる曲線。

銀河 恒星や惑星、および、ガスや塵などの星間物質の集まり。

屈折望遠鏡 光学望遠鏡の一種で、レンズを使って光を屈折させて集め、宇宙にある物体の像を拡大するもの。

光学望遠鏡 開口部から光をとりいれ、レンズや鏡によって宇宙にある物体の像を拡大する種類の望遠鏡。

酸化剤 酸素を発生する化学物質。

重力 物体が互いに引きあう力。この力が、地上にある物を地球の中心にむかって引っぱっている。空中で物をはなすと地面にむかって落ちていくのはそのせい。万有引力、単に、引力ということもある。

人工衛星 宇宙空間に打ち上げられ、地球や月、その他の惑星などのまわりを回っている機械装置で、通信、調査などの目的に使われる。

彗星 太陽のまわりを回っている氷や塵の塊。

星雲 塵やガスでできた巨大な雲。星雲から恒星ができることがある。

増幅器 音や電波信号を、より強く大きくする装置。

ソーラーパネル 太陽光線を電気に変える設備で、宇宙ステーションや探査機の一部に搭載されている。

大気 惑星などの天体をとりまいている、さまざまな気体がまじりあったもの。

太陽系外惑星 太陽系以外の惑星系にある惑星。

中性子星 Ⅱ型超新星爆発のあとに残される、主に中性子でできた超高密度の天体。

電波 電磁波の中でも波長の長いもので、地球上での通信に用いられる。宇宙では多くの天体が電波を発している。

天文学者 太陽や月、恒星や惑星、あるいは宇宙全般を研究する科学者。

Ⅱ型超新星爆発 比較的重い恒星が、突然それまでとはくらべものにならない明るさで輝きだし、大きなエネルギーを放出する現象で、恒星が爆発して死んでいく時に起きる。

燃焼 物質が酸素と化合して熱や光を生む化学反応。

反射望遠鏡 光学望遠鏡の一種で、なめらかな曲面の鏡を使って光を集め、宇宙にある物体の像を拡大するもの。

微小流星物質 宇宙空間にある非常に小さな岩石や金属などの粒。

ブラックホール 重力が非常に大きい天体で、いったんその周囲にある事象の地平面より内側に入ると、どんなものでも、光でさえもぬけだせない。

望遠鏡 宇宙からの光や信号を集め、遠くにある天体を研究することを可能にしてくれる科学的装置。

無重力状態 重力と遠心力などの慣性力が釣りあっていて、重さが感じられない状態。

有人機動ユニット(MMU) 宇宙飛行士が、宇宙空間で自由に動くために身につける噴射装置のついた装備。

ロケットブースター 主ロケットにとりつけられた補助ロケット、または、ロケットの1段目のこと。打ち上げ時に1基または複数基が点火し、燃料を使いきるとはずれて落下する。

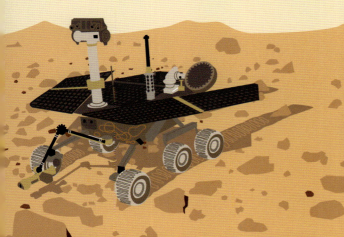

30秒でわかる
光学望遠鏡

光学望遠鏡は、宇宙からの光をアパーチャー（開口部）からとりいれます。最初に発明された望遠鏡は屈折望遠鏡でした。これは、人間の目よりもはるかに多くの光をとりいれることができます。光は凸レンズ（中央より縁のほうが薄いレンズ）を通して入ってきます。すると、光が屈折して集まり、望遠鏡内の一点で焦点を結びます。望遠鏡の中にある2番目のレンズがその像を外に送りだし、それをわたしたちの目で見ると、拡大されて見えるのです。

科学者たちは、開口部を広くし、レンズを大きくしていけば、対象はさらに拡大されることを発見しました。しかし、大きなレンズは重くなる上に作るのがむずかしく、縁の部分を通った光が色むらを生んでしまいます。そこで、なめらかな曲面の鏡を使って光を集めて像を作る、新しい方式の望遠鏡が開発されました。それが反射望遠鏡で、驚くほど巨大なものもあります。

ハワイにある、ケック1、ケック2と名づけられた望遠鏡は、どちらも、36枚に分割された鏡をならべた直径10メートルの反射鏡を備えています。この2台の望遠鏡は非常に高性能で、何百万光年もはなれたところにある物体をとらえることができます。科学者たちは、このケック望遠鏡を用いて、すでに数多くのはるか遠くにある太陽系外惑星（太陽以外の恒星のまわりを回っている惑星）を発見しています。

3秒でまとめ

光学望遠鏡は宇宙のかなたにある物体を拡大する。

3分でできる「望遠鏡を作ろう」

大きさのちがう虫めがねを2つ用意すれば、簡単な望遠鏡を作ることができる。虫めがねを片手にひとつずつもち、大きいほうを前方に、小さいほうを手前にして、レンズが直線上にならぶ位置にもってくる。なにかにねらいを定め（夕方や日が落ちてからの街灯が理想的）、両方のレンズを通して見てみる。対象がきれいにはっきり見えるよう、レンズ間の距離を調節してみよう。

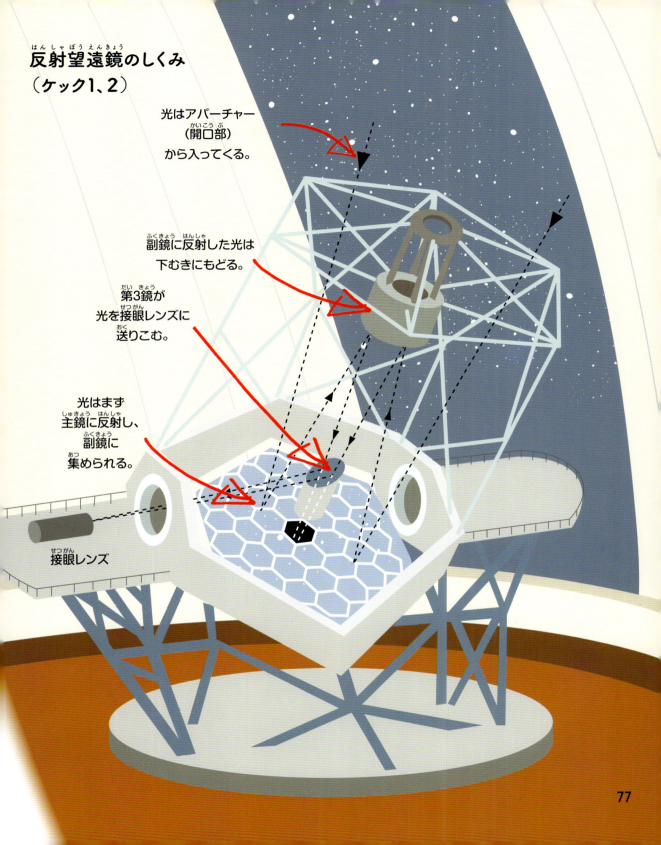

30秒でわかる
電波望遠鏡

1930年代のはじめ、アメリカ人の無線技術者カール・ジャンスキーが、天の川の方向からやってくる電波信号を発見しました。雑音のようにも思えましたが、その信号は、いて座A*（いてざ・エー・スター）と呼ばれる電波源から出ていることがわかりました。今では、その電波はブラックホールから出ていると考えられています。ほかにも、宇宙空間にあるガスや、パルサーと呼ばれる回転する中性子星、一部の超新星爆発の残骸などからも電波が出ています。

こうした電波源からやってくる電波を分析することで、その天体の構造や動き、どんな物質でできているかを知ることができます。

電波望遠鏡による観測のよいところは、太陽光や雲、雨の影響を受けにくいことです。また、電波は塵のあいだをすりぬけていくことができるので、宇宙空間にある、塵でできた高温の星雲を観測することもできます。

電波望遠鏡の多くは、皿形のアンテナをいくつかならべ、それを連結して使用しています。

3秒でまとめ

電波望遠鏡は宇宙にある物体から出た電波を集める。

巨大な皿

電波望遠鏡の中には、巨大な皿形のアンテナがひとつあるだけのものもある。プエルトリコにあるアレシボ天文台の電波望遠鏡は、直径が305mもあるアンテナが1基あるだけだ。

しかし、それも、2016年に中国にできる予定の新しい電波望遠鏡にくらべればずっと小さい。FASTと呼ばれるこの新しい望遠鏡のアンテナは、直径500m、皿形部分の広さはサッカーグラウンドの25倍もある！　FASTの感度は、アレシボの望遠鏡の3倍だ。

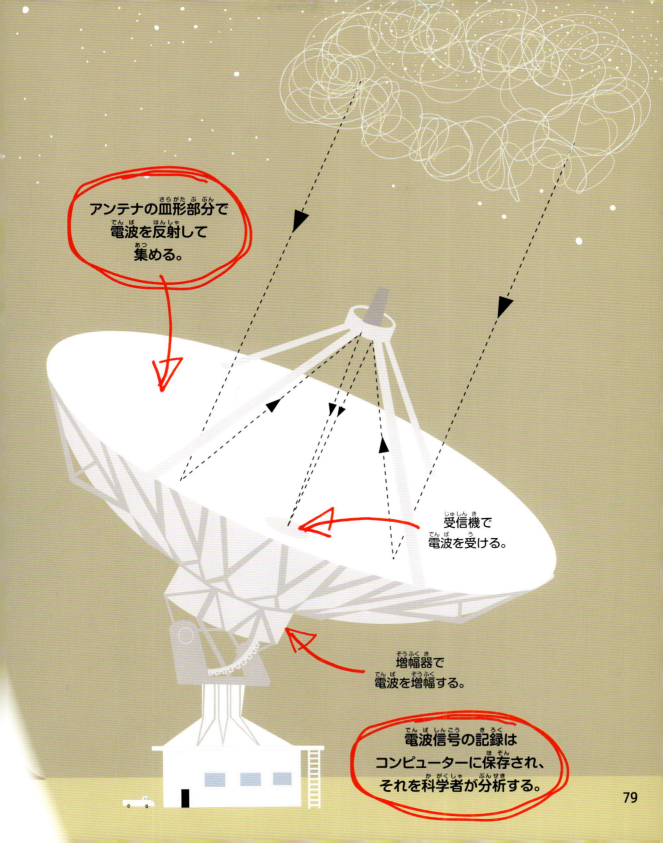

30秒でわかる 宇宙望遠鏡

地上で光学望遠鏡を使うと、大気を通して宇宙を見ることになり、一部の波長が吸収されてしまったり、光が散乱したりすることがあります。宇宙空間に望遠鏡があれば、宇宙のとても遠いところにあるものでも鮮明にとらえることができます。しかも、地上では夜のあいだしか観測できませんが、宇宙では24時間休みなく観測できます。

ハッブル宇宙望遠鏡は、1990年に打ち上げられました。今までに70万枚を超える宇宙の画像を撮影し、それを地球に送りかえしています。1994年には、木星に衝突した彗星の動きを記録しました。

ハッブル望遠鏡は、それまでわたしたちが決して見ることのできなかった宇宙の姿を見せてくれています。超大質量ブラックホールの発見に役だちましたし、初めて太陽系外惑星を直接撮影するのに成功したのもこの望遠鏡です。

ハッブル望遠鏡が撮影したもっとも有名な画像の1枚は、ハッブル・ウルトラ・ディープ・フィールドと呼ばれています。この写真は、2003年から2004年にかけて集められたデータから得た画像で、1万を超える銀河が写っています。その中には、はるか130億光年はなれた銀河、つまり、宇宙ができてからまだ10億年もたっていないころの銀河もあるのです。

3秒でまとめ

宇宙望遠鏡は時空を超えた宇宙の鮮明な画像を見せてくれる。

過去のスナップ写真

光が遠くはなれた恒星や銀河から地球にとどくまでに、数百万年、数十億年かかることがある。ということは、わたしたちが目にする遠くはなれた天体は、過去を教えてくれるものでもある。なぜなら、写っているのは、その天体の数百万年、数十億年前の姿だからだ。

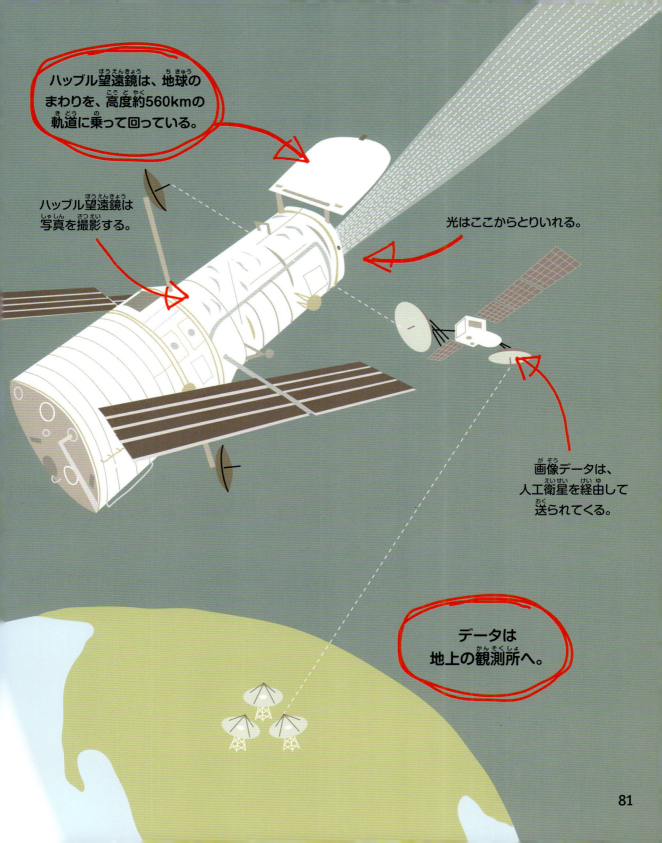

30秒でわかる ロケット工学

宇宙船や人工衛星を発射し、地球の重力に負けずに宇宙空間へ送りだすには、とてつもない力が必要です。ロケットは、そうした機器を打ち上げるための装置です。

宇宙には、燃料を燃やすのを助けてくれる酸素がありません。ですから、ロケットには、燃料とともに、酸化剤と呼ばれる酸素を発生する化学物質が積まれています。燃料と酸化剤をまぜて大きな燃焼室で燃やすと、大量のガスが発生します。このガスがエンジンの排気装置を通して、急激に膨張しながら下むきに噴射されると、ロケットはそれとは逆方向、つまり、上にむかって飛んでいくのです。

本体の外側に、ロケットブースターと呼ばれる補助ロケットがついているものもあります。ロケットブースターは、打ち上げる際に点火し、燃料を使いきるとすぐに落下して全体の重量を軽くします。また、2段あるいは3段構造になっていて、段ごとに1基または2基以上のエンジンを備えているロケットもあります。こうしたロケットは、各段のエンジンが燃料を使いきると、順に切りはなされていきます。

3秒でまとめ

ロケットは
さまざまな機器を
宇宙に送りだす
ための
打ち上げ装置。

3分でできる 「ロケットを打ち上げよう」

❶ 細長い形の風船をふくらませ、口を折って、洗濯バサミでしっかりとめる。

❷ ストローに十分な長さの糸を通す。ストローを風船の横にテープで貼りつける。

❸ 洗濯バサミに近いほうの糸の端を、テープで床に固定する。友だちに手伝ってもらい、糸のもう一方の端をできるだけ高い位置でもってもらう。風船を床まで押しさげ、洗濯バサミをはずす。

❹ 発射！

ロケットには燃料と
酸化剤が積まれている。

サターンV型ロケットは、発射後わずか168秒で、地球上空67kmの高度に達していた。

燃料

燃料と酸化剤を
まぜて燃やす。

酸化剤

急激に膨張したガスが
ノズルから噴きだす。

燃焼室

下むきに噴射される
ガスの力が、ロケットを
上昇させる。

30秒でわかる
宇宙探査機

宇宙探査機の中には、惑星や衛星のまわりを軌道に乗って回ったり、その天体に着陸したりするものもあります。また、小惑星や彗星の近くを飛びすぎていくものもあります。探査機は、搭載した機器を使って集めた貴重な情報を、光の速さで飛ぶ電波に乗せて地球に送りかえします。

探査機のほとんどは片道飛行で、二度と地球にもどってきません。無人なので、尊い人命を失う心配なしに過酷な条件の場所に接近し、こわれてしまうまで情報を送りつづける探査機もあります。

わずかですが、地球に帰ってくる探査機もあります。1999年に打ち上げられた探査機スターダストの一部は、2006年、ビルド2彗星の尾から集めた塵をもって帰ってきました。

探査機に載せて火星まで運ばれた無人探査車、マーズ・エクスプロレーション・ローバーB（MER-B）（通称「オポチュニティ」）は大成功をおさめました。2004年1月に火星に着陸したあと、火星時間で90日間の探査活動をする予定でしたが、実際には、この太陽電池で動く6輪の無人探査車は、その40倍を超える長期にわたって活動を続け、2016年3月にも火星の映像を送ってきています。

3秒でまとめ

宇宙探査機は太陽系のあちこちを探検している。

土星探査機カッシーニ

1997年に打ち上げられた土星探査機カッシーニは、他の惑星の重力を利用しながら軌道修正して土星に接近、2004年に土星の軌道に乗った。その後、搭載していた別の探査機ホイヘンスを切りはなし、ホイヘンスは土星の衛星タイタンに着陸。
カッシーニは土星の観測を続け、2014年には土星の軌道に乗ってから10年が経過した。2017年9月、カッシーニは軌道を修正し、土星本体と輪のあいだをすりぬける軌道を22回まわったのちに、土星の大気に突入して観測を終える予定だ。

これが、
マーズ・エクスプロレーション・ローバーB
（通称オポチュニティ）だ。

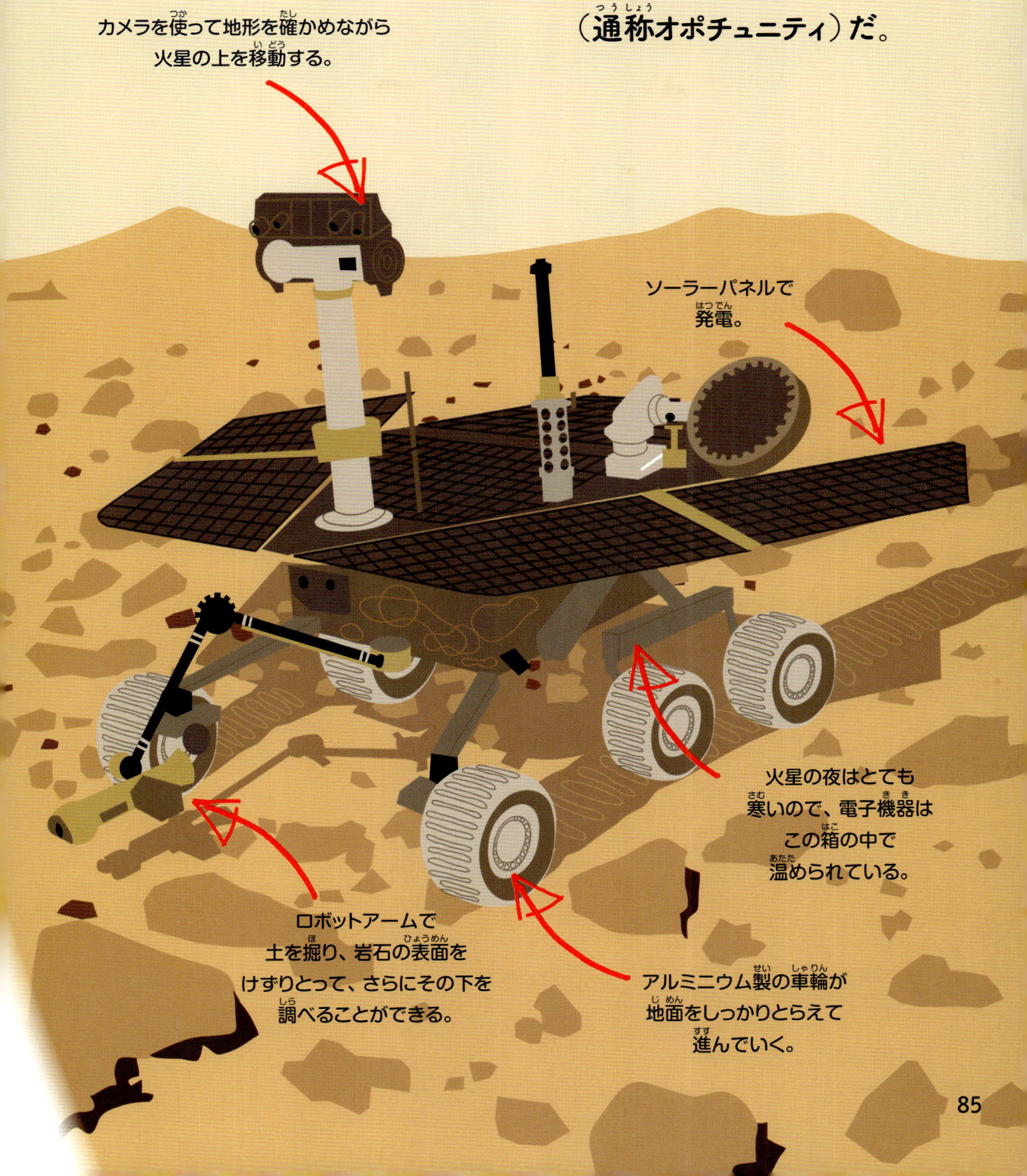

カメラを使って地形を確かめながら
火星の上を移動する。

ソーラーパネルで発電。

火星の夜はとても寒いので、電子機器は
この箱の中で温められている。

ロボットアームで
土を掘り、岩石の表面を
けずりとって、さらにその下を
調べることができる。

アルミニウム製の車輪が
地面をしっかりとらえて
進んでいく。

30秒でわかる
無重力状態

宇宙飛行士の中には、国際宇宙ステーションのような宇宙船で、長期間すごす人たちがいます。

宇宙で生活していると、人間の体には特別な負担がかかります。地球では重力が人間の骨格を地面にむかって押しつけていますが、軌道を回る宇宙船内にいる飛行士たちは、無重力状態におかれます。

無重力状態になるのは、宇宙船が宇宙空間を自由落下しているからです。背骨のあいだにある椎間板に力が加わらなくなるため、宇宙飛行士は身長が少し伸びます！

宇宙船内では、地球にいる時と同じようにものを食べることはできません。そんなことをしたら、食べ物のかけらが宙にただよい、機械の中に入りこんで、大変なことになってしまいます。宇宙飛行士たちは、専用に開発された容器に入った食べ物を食べます。トイレはハイテクで、排泄物を空気で吸いこんでくれます。シャワーは水の後始末が大変なので、シャンプーや洗剤を使ったあと、髪や体をふきとってきれいにします。

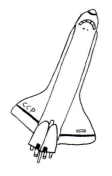

3秒でまとめ

宇宙では、人間は無重力状態におかれる。

3分でできる「宇宙飛行士クイズ」

宇宙開発における画期的な業績（左）と、それをなしとげた宇宙飛行士名（右）とを結びなさい。

人類初の宇宙飛行（1961年）● ● ジョン・グレン

女性初の宇宙飛行（1963年）● ● スーザン・J・ヘルムズ、ジェイムズ・S・ヴォス

宇宙滞在時間の最長合計記録 ● ● セルゲイ・クリカレフ

初の宇宙遊泳（1965年）● ● ワレンチナ・テレシコワ

1回の宇宙遊泳最長記録 ● ● ユーリー・ガガーリン
（8時間56分、2001年）

最年長宇宙飛行士（77歳、1988年）● ● アレクセイ・レオーノフ

〈答えは96ページ〉

30秒でわかる 宇宙服

宇宙空間は人間にとってきびしい環境です。微小流星物質と呼ばれるとても小さな石や金属のかけらが、体に穴をあけてしまうほどの速さで飛んでくることがあります。空気がないので、呼吸はできません。太陽光線に照らされるとすさまじい暑さですが、陰に入ると凍えるほどの寒さです。

現代の宇宙船内には空気がありますから、宇宙飛行士たちはふつうの服を着てすごせます。宇宙服は、地球での打ち上げ時や、宇宙船の外へ出る時に身につけます。

宇宙空間にはトイレがないので、飛行士たちは、まず「高吸収性衣類」（つまり大人用のおむつ）を着用します！ 次に、水冷式の特別な冷却下着を着ます。さらに、無線通信や健康状態をチェックする機器に必要な回路や配線をまとめた装備を身につけます。

宇宙服本体は、太陽光線の熱を反射するために白い色をしています。また、何層もの素材を重ねた丈夫な造りになっていて、飛んでくる微小物質によるけがを防いでくれます。宇宙服は、背中にとりつける「主生命維持システム（PLSS）」とつながっています。この装置は宇宙服内部の温度を調節し、酸素や、電気部品に必要な電気を供給してくれます。

3秒でまとめ

宇宙服を着ていれば、人間は宇宙空間でも生きていける。

宇宙遊泳

宇宙飛行士は、実験や人工衛星の回収、宇宙船の点検修理などのために、船外活動、つまり宇宙遊泳を行なうことがある。通常、宇宙飛行士は、命綱で自分の体を宇宙船につないだまま作業する。しかし1984年には、有人機動ユニット（MMU）と呼ばれる小型の推進装置を身につけて、命綱なしで宇宙空間を移動できるようになった。現在では、さらに小型の推進装置が考案され、命綱がはずれた時のための安全対策として身につけている。

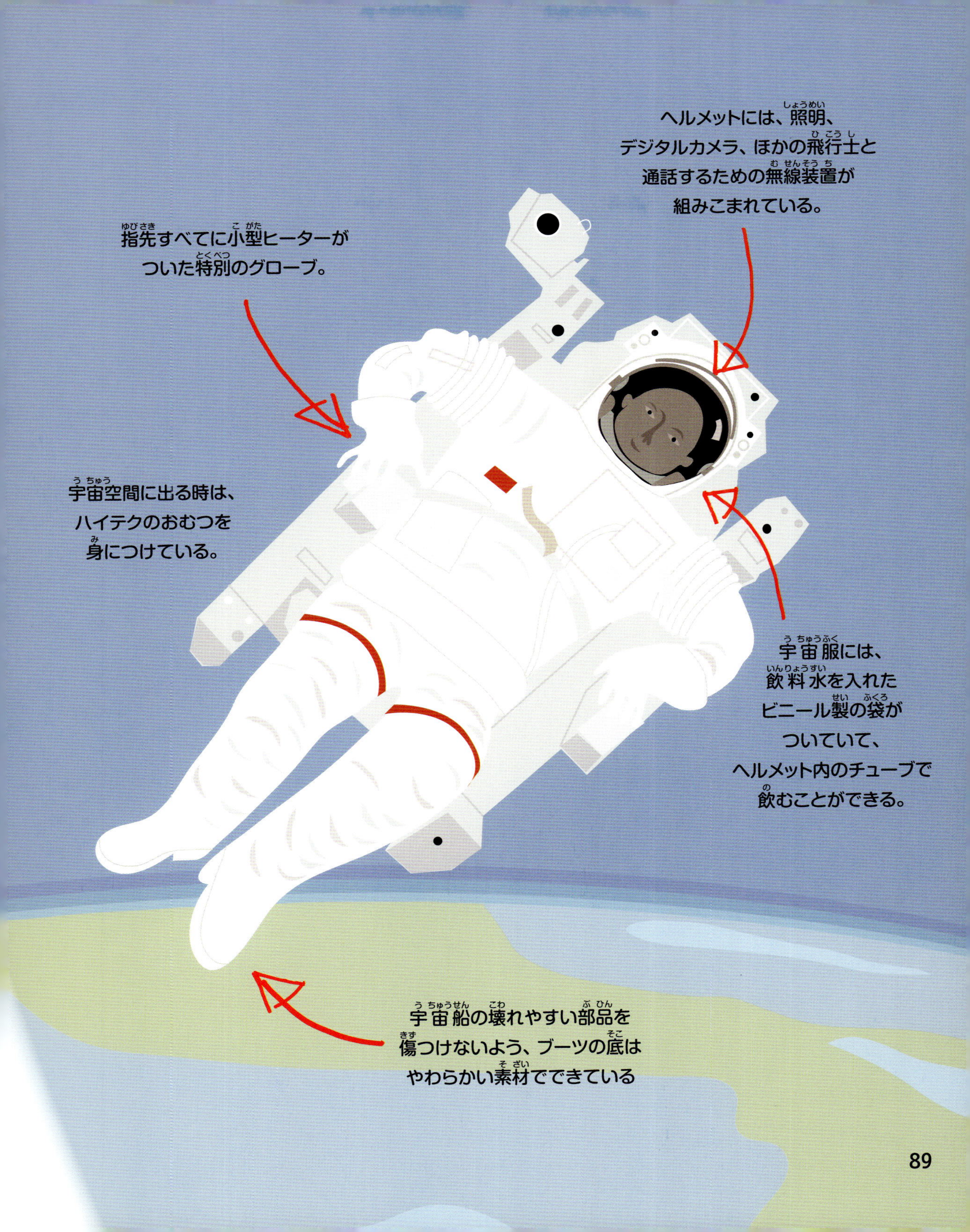

ヘルメットには、照明、
デジタルカメラ、ほかの飛行士と
通話するための無線装置が
組みこまれている。

指先すべてに小型ヒーターが
ついた特別のグローブ。

宇宙空間に出る時は、
ハイテクのおむつを
身につけている。

宇宙服には、
飲料水を入れた
ビニール製の袋が
ついていて、
ヘルメット内のチューブで
飲むことができる。

宇宙船の壊れやすい部品を
傷つけないよう、ブーツの底は
やわらかい素材でできている

89

30秒でわかる
国際宇宙ステーション

国際宇宙ステーション（ISS）は、今までに建設された最大の宇宙ステーションで、1986年に打ち上げられたロシアのミール宇宙ステーションの4倍の大きさがあります。1998年以来、100回を超えるロケットの打ち上げによって資材が運ばれ、モジュールをひとつずつ増やしてきました。

ISSには、太陽光を電気に変える巨大な太陽電池パドル（SAW）があり、必要な電力をまかなっています。パドル1基の面積は約300㎡あり、太陽電池が3万2800枚ならんでいます。

ISSの中には、宇宙飛行士たちの居住区や、地球からやってくる宇宙船を接続するための設備、2つのトイレ、トレーニング用の器械、多くの作業スペース、そして食料や備品、実験機材などを保管しておく場所があります。

ISSでは、数多くのさまざまな科学実験が行なわれています。無重力状態が物質や生物におよぼす影響を研究したり、上空から地球を調べたり、宇宙で生活している人間の体や心になにが起きるか調べたりしています。

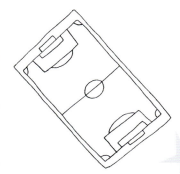

3秒でまとめ

地球の上空400kmの軌道をサッカーグラウンドほどもある宇宙ステーションが回っている。

国際宇宙ステーションのデータ

参加国：アメリカ合衆国、ロシア、日本、カナダ、欧州宇宙機関加盟各国

長さ：74m

幅：110m

軌道速度：時速約2万7700km

地球1周にかかる時間：約91分、1日で約16周

今まで長期滞在した宇宙飛行士チーム：47チーム（2016年現在）

第1次長期滞在チーム：2000年出発、滞在日数136日

運用終了：2024年を予定

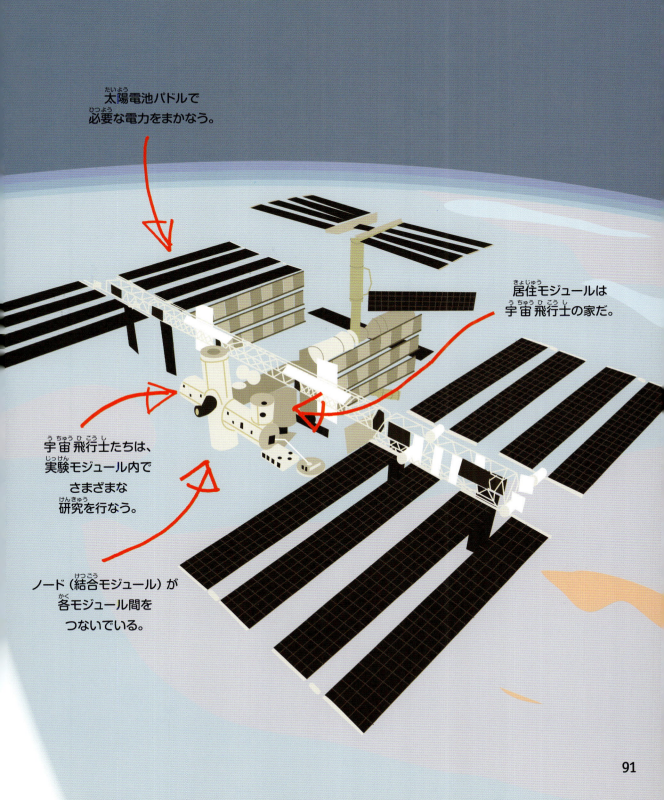

"わかる"ということ

国立天文台副台長　渡部潤一

この本を手にする皆さんは、星や宇宙に興味があることでしょう。もしかすると宇宙だけでなくて、もっと広い意味での理科が大好きなのかもしれません。いま、天文学者をしている私も、そういった子供でした。小学校に入ったばかりの頃に買ってもらった小さな望遠鏡を使って、月や星を眺めていました。それだけでなく、友達とみんなで虫を捕りに行ったり、顕微鏡で池の水の中にいる小さな生き物を観察したり、あるいは簡単なキットを使って、電池がなくても聞こえるラジオを作ったり、と本当に忙しい毎日だった気がします。そんな中、宇宙のことを少しずつ深く知ろうと思うようになって、天文・宇宙の図鑑を毎晩のように開いては、ぼろぼろになるまで読んだ覚えがあります。しかし、残念ながら図鑑は小学校高学年以上を対象に書かれていて、かなり難しい内容でした。わからないところがあちこちにあったのです。

でも、そんな難しいことでも、不思議に"わかる"瞬間がやってくることがありました。どうしてかなぁ、不思議だなぁ、わからないなぁ、と何度も何度も時間をおいてわからないところを読み返しているうち、まったく突然に「あぁ、こういうことだったのか」とわかる瞬間がやってくるのです。いまになって思い出してみても、その瞬間は本当に突然でした。うーん、うーんと唸っている時にはなんだか全く理解できない気がして、あきらめてしまうのですが、何日か後にもう一度読み返してみると、すんなりとわかってしまうことがあるのです。もしかすると、わかるまでにかかる時間は何日ではなく、もっと長くて一週間だったのか、一ヶ月だったのか、あまり覚えていません。もしかしたら何年かたってからだったこともあるかもしれません。

小学生の時でしたから、毎日他のこともいろいろ勉強をして、どんどん理解する力がついていく時期なので、後になってわか

るのは、あたりまえだったのかもしれません。でも、面白そうだから理解したい、という気持ちがなかったら、そういうことも起こらなかったのは確かです。わかりたいのだけれど、なかなか難しいなぁ、と思っても、好きなことなら、興味があることなら、あきらめないで何日かおいて、ふたたびチャレンジしてみましょう。そうするとわかる瞬間はかならずやってきます。そして、わかった瞬間、理解できた瞬間はとても爽快な気分になれるはずです。これは学校の授業でも同じことです。最初から、わかっているような人はいません。わからないけど、粘り強く考え続けること、そしてどうしても難しそうだったら、少し時間をおいて考え直してみることが大切です。

本書、『30秒でわかる宇宙』は、宇宙は好きなのだけれど、いきなり図鑑は難しいかな、なんて思っている人にはもってこいです。なにしろ、うたい文句が「30秒」。それぞれの宇宙のテーマについて、全部読むのに30秒しかかからないような短い文章で紹介してあります。大きめに書いたイラストが、それぞれのテーマに添えられていて、直感的にもわかるように工夫されています。そのテーマごとに30秒という文章量はとてもコンパクトです

が、さらにそれを3秒でわかるまとめが添えられています。そして、醍醐味は3分のミッション（課題）！　それぞれのテーマがよく理解できるように、簡単な実験や計算問題などがあるのです。小学生の皆さんが、このミッションを3分間でやるのはなかなか難しいと思えるようなものもありますが、ぜひ挑戦してみて下さい。実験などは、はじめてみると3分なんてあっという間で、その面白さに引き込まれて何度も何度もやるほど夢中になるかもしれません。

宇宙はもっとも興味を引くもののひとつですが、実はちゃんと理解するのはかなり難しいと言われています。地球や月、星、銀河などがあまりにスケールが大きくて、日常の感覚からは離れてしまっていること、そしてしばしば現象を理解するのに、地球以外の場所に立って想像する必要があるからです。難しい言葉で言うと、これらは「空間の概念把握」と「視点移動」といいますが、本書で学ぶことで、こうしたことを含めて「わかる」楽しさを味わってもらえると思います。

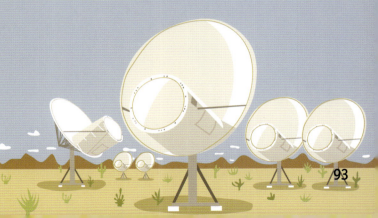

索引

あ行

圧力　22, 24, 34, 40
天の川銀河（銀河系）　10, 14, 62, 64-66, 78
アンドロメダ銀河　16-17, 64, 66
宇宙人　70-71
宇宙ステーション
（国際宇宙ステーション）　86, 90-91
宇宙探査機　34, 40-41, 44, 46, 50, 54, 56, 84-85
宇宙飛行士　86-91
宇宙服　88-89
宇宙望遠鏡　80-81
衛星　44, 52-53, 55-57, 84
オールトの雲　50, 58-59
オポチュニティ　84-85
オリオン星雲　22, 24

か行

海王星　47, 49, 52, 54, 56-59
カイパーベルト　50, 58-59
核反応　22, 30, 36
核融合　22, 24-25, 28
火星　7, 44-47, 52, 54, 84-85
カッシーニ　84
カノープス　26
軌道　22, 26, 33, 36, 40, 42, 46, 55-56, 58-59, 64-65, 84, 86, 90
キュリオシティ　6-7
峡谷　34, 44-45
極　50, 56

極冠　34, 44-45
局部銀河群　10, 14, 62, 64
銀河　10, 12-18, 28, 61-62, 64-67, 80
金星　40-41, 47, 52, 54
クレーター　34, 38-45
原子　10, 22, 24
原子核　10, 22, 24
原始星　22, 24-25
元素　10, 12, 54, 62, 70
ケンタウルス座アルファ星　26
光学望遠鏡　74, 76
光球　34, 36-37
恒星　12-13, 21-31, 33, 36
光年　10, 16, 24, 26, 28, 64, 66, 76, 80
コマ　51, 58-59
コロナ　34, 36-37

さ行

彩層　34, 36-37
時間　12
事象の地平面　62, 68-69
重力（引力）　10, 12, 18, 22, 24, 28, 33-34, 51-52, 54, 62, 66, 68-69, 82, 86
準惑星　35, 46-47, 49
小惑星　35, 38, 46-47, 49, 84
シリウス　26
人工衛星　74, 81-82
水星　33, 38-39, 47, 52, 54
彗星　49, 51, 58-59, 80, 84
水素　12, 24, 30, 36, 52, 54
星雲　22, 24-25, 74, 78
星座　23-24
赤色矮星　23, 30-31
赤色巨星　23, 30-31

赤道　51-52

た行

ダークエネルギー　11, 14-15
大気　35-37, 40-42, 44, 51-53, 57, 80
大赤斑　52-53
太陽系　7, 10, 12-13, 23, 30, 33, 35-36, 38, 40, 42, 44, 46, 49, 52, 54, 56, 58, 61, 64-65, 70, 84
太陽　7, 17, 26-27, 30, 33, 36-40, 42, 46, 49, 54-59, 88, 90-91
太陽系外惑星　62, 70, 76, 80
対流層　35-37
地球外生命　70
地軸　35, 38, 40, 42-43, 52, 56
中性子　23, 30
中性子星　23, 30, 78
超新星　23, 24, 28-30, 68, 78
月　42-43, 56
月の海　35, 42-43
天王星　47, 49, 52, 54, 56-58, 59
電波望遠鏡　78
天文学者　11, 14, 16, 26, 38, 46, 66, 70
天文単位（au）　35, 42, 58
土星　47, 52-55, 59, 84
トンボー、クライド　46

な行

II型超新星爆発　23, 28

は行

白色矮星　23, 30-31
はくちょう座V1489星　26
ハッブル、エドウィン　14
ハッブル望遠鏡　80-81

パルサー　78
微小流星物質　75, 88
ビッグクランチ　11, 18-19
ビッグチル　11, 18-19
ビッグバン　9, 11, 12-14
ビッグリップ　11, 18-19
百武彗星　58
物質　11, 24, 28-29, 68-69
ブラックホール　6-7, 63, 65, 68-69, 78, 80
ベテルギウス　26-27
ヘリウム　12, 24, 30, 36, 52, 54
望遠鏡　11, 14, 42, 44, 56, 70-71, 73, 75-81
放射層　35-37
膨張　11-12, 14-15, 18

ま行

見かけの等級　23, 26
無人探査車　6, 84-85
木星　26, 42, 46-47, 49, 52-54, 80

や行・ら行・わ行

溶岩　35, 40-41
ロケット　82-83, 90
輪　53-55
惑星状星雲　23, 30-31

クイズの答え

64ページ「星を数えよう」

1日で数えられる星の数は、60×60×24＝86,400

1年で数えられる星の数は、86,400×365.25＝31,557,600

天の川銀河の恒星すべてを数えるには、200,000,000,000÷31,557,600＝6,337.62年！

86ページ「宇宙飛行士クイズ」

人類初の宇宙飛行（1961年）　●　●　ジョン・グレン
女性初の宇宙飛行（1963年）　●　●　スーザン・J・ヘルムズ、
　　　　　　　　　　　　　　　　　ジェイムズ・S・ヴォス
宇宙滞在時間の最長合計記録　●　●　セルゲイ・クリカレフ
初の宇宙遊泳（1965年）　　　●　●　ワレンチナ・テレシコワ
1回の宇宙遊泳最長記録
　（8時間56分、2001年）　　●　●　ユーリー・ガガーリン
最年長宇宙飛行士（77歳、1988年）●　●　アレクセイ・レオーノフ